新型职业农民培育教材

大宗淡水鱼传统产品的工业化加工技术

丛书编委会成员名单

主　　任　李华栋　陈日武　胡汉平
常务副主任　唐安来　张耀霞　龚绍林
副 主 任　吴登飞　万　丰　高瑞玲　涂宗财
　　　　　尹建华　丁能水　杨普香
委　　员　黄　文　叶德胜　刘事愁　胡逢星
　　　　　吴加发　刘　凯　樊首品　魏　星

本书编写成员名单

主　　编　涂宗财　吴登飞　黄　文
副 主 编　王　辉　张　露　李金林
编　　委　（以姓氏笔画为序）
马　达　刘光宪　杨文华　沙小梅　陈　媛　黄　涛

江西科学技术出版社

图书在版编目(CIP)数据

大宗淡水鱼传统产品的工业化加工技术 / 涂宗财, 吴登飞, 黄文 主编.
—南昌：江西科学技术出版社, 2015.2
ISBN 978-7-5390-5246-5
Ⅰ.①大… Ⅱ.①涂… ②吴… ③黄… Ⅲ.①淡水鱼类–水产食品–食品加工
Ⅳ.①TS254.4
中国版本图书馆CIP数据核字（2015）第033517号

国际互联网（Internet）地址：
http://www.jxkjcbs.com
选题序号：**ZK2015009**
图书代码：**B15006-101**

大宗淡水鱼传统产品的工业化加工技术 涂宗财, 吴登飞, 黄文 主编

出版发行 江西科学技术出版社
社址 南昌市蓼洲街2号附1号
邮编：330009 电话：(0791)86623491 86639342(传真)
印刷 江西千叶彩印有限公司
经销 各地新华书店
开本 787 mm × 1092 mm 1/16
字数 220千字
黑白印张 13.5 **彩色印张** 0.25
版次 2015年2月第1版 2016年4月第2次印刷
书号 ISBN 978-7-5390-5246-5
定价 31.00元

赣版权登字-03-2015-12

序　言

大宗淡水鱼，即青鱼、草鱼、鲢鱼、鳙鱼、鲤鱼、鲫鱼和鳊鱼，是我国的特色鱼类，亦是我国淡水养殖渔业主体，在我国水产品市场供应和国民优质蛋白质补给方面起着举足轻重的作用。近半个世纪以来，我国大宗淡水鱼产业发展迅速，尤其是一系列政策的出台，如2009年12月国家发展改革委发布的《鄱阳湖生态经济区规划》和2011－2015年的《全国渔业发展第十二个五年规划》，为淡水鱼养殖业的发展提供了良好的契机。

然而，在养殖业高速发展的同时，大宗淡水鱼产品仍以鲜销为主，鱼产品加工业始终处于弱势，致使大宗淡水鱼整个行业上下游脱节现象日益凸显。从古至今，我国民间已出现不少淡水鱼制品，如腌鱼、酒糟鱼、鱼丸等，然而，大宗淡水鱼传统产品加工业却不成气候，主要原因包括我国淡水鱼加工技术落后；加工技术零散，工业化程度不高；加工企业规模不大，产品质量不稳定，市场流通不广等。另外，随着人们生活节奏的加快，消费者的购买习惯也在悄然改变，渐渐青睐于集营养健康、方便快捷、美味色佳于一体的淡水鱼现代工业化加工制品。

在此局势下，迫切需要大宗淡水鱼现代工业化加工集成技术，给传统加工企业提供指导，促进我国大宗淡水鱼产业的发展和技术升级。江西省大宗淡水鱼产业技术体系以涂宗财教授为首的产业技术团队，以大宗淡水鱼传统产品的工业化加工技术为主要内容编写了本书。从加工原理、影响因素、加工工艺和设备选型等方面入手，本书综合了目前国内外主要的淡水鱼传统产品加工技术，其宗旨是让我国从事大宗淡水鱼生产和加工的工作者熟悉大宗淡水鱼传统产品的工业化加工技术并知晓其原理，也让产业界的企业家或有意愿从事该产业的未来企业家了解大宗淡水鱼传统产品的工业化加工技术并相信淡水鱼加工产业的巨大潜能，以促使我国大宗淡水鱼的养殖业和工业化加工产业均衡协调发展，提高农民收入，实现我国淡水鱼加工产业的整体快速前进。

我衷心期待《大宗淡水鱼传统产品的工业化加工技术》一书的出版，相信本书可为淡水鱼加工企业提供整体的技术支撑，为淡水鱼加工领域的从业人员提供技术指导，也可作为职业农民就业上岗的培训教材。希望本书能在一定程度上有助于我国大宗淡水鱼产业的深加工转型，促进我国大宗淡水鱼产业的快速发展和绿色升级。

朱蓓薇

2015 年 2 月 5 日

书于大连工业大学

注：朱蓓薇教授是中国工程院院士，大连工业大学食品学院院长，国家海洋食品工程技术研究中心主任。

前 言

世界大宗淡水鱼以养殖为主的结构在1950年便已经确立，经过60多年的发展，大宗淡水鱼产量增长了140多倍。在众多的主产国中，我国是世界上大宗淡水鱼养殖历史最悠久、产量最大的国家。时至今日，我国淡水鱼(尤其是大宗淡水鱼)养殖业年产量仍呈现持续增长趋势。目前，大宗淡水鱼仍以鲜销为主，大量的淡水鲜鱼过剩，急需进一步工业化加工处理，如制成我国特色传统产品腌鱼等。此外，随着当今物流和信息流的贯通、人们生活节奏的加快、消费观念的改变，消费者的购买模式逐渐向大宗淡水鱼工业化加工制品转变。

然而，大宗淡水鱼加工业发展步伐缓慢，无法与养殖业齐头并进。目前，我国市场上虽有不少大宗淡水鱼传统产品，如罐头制品、鱼丸、调味干制品、风味小吃等，但整体加工率不高、产品质量不稳定、高端市场占有率低，以致于“辛辛苦苦两年半，压塘难卖没得赚”的情景时有发生，不仅损害了农民的切身利益，而且大大地限制了我国大宗淡水鱼产业的整体发展。

我国大宗淡水鱼加工业发展滞后的主要原因在于应用基础研究薄弱；加工业聚集程度低、企业规模小、创新能力不足；现代工业化加工技术和生产装备落后，产业化配套系统缺乏等。在江西省大宗淡水鱼产业技术体系建立的一年多时间里，我们对大宗淡水鱼传统加工业的整体情况进行了研究和分析。针对上述主要关键问题，为加快大宗淡水鱼加工业的发展步伐，我们编写了《大宗淡水鱼传统产品的工业化加工技术》一书，旨在系统地提供大宗淡水鱼传统制品的加工技术、理论解析和设备选型等信息，辅助提升大宗淡水鱼加工业的竞争力，改善我国当前“重养殖、轻加工”的局面，延长大宗淡水鱼的产业链，摆脱大宗淡水鱼产业“区域性和季节性过剩”的特点，提升农民对大宗淡水鱼养殖的积极性，实现大宗淡水鱼产业的可持续发展。

本书共分为十一章。第一章概述,介绍了当前大宗淡水鱼产业的总体情况;第二章大宗淡水鱼的剖杀与保鲜技术,讲述了当前主要运用的鱼体保鲜技术及原理;第三章大宗淡水鱼冻藏制品的工业化加工技术,讲述了工业上大宗淡水鱼冻藏制品的主要技术及工艺;第四章大宗淡水鱼干制品的工业化加工技术,讲述了大宗淡水鱼干制品的加工原理、主要技术和加工工艺;第五章大宗淡水鱼腌制加工技术,讲述了腌制加工原理、影响因素、腌制方法和工艺;第六章大宗淡水鱼糟醉制品的工业化加工技术,讲述了糟醉鱼的主要生产工艺和设备等;第七章大宗淡水鱼烟熏制品的工业化加工技术,讲述了烟熏鱼加工的原理和主要工艺等;第八章大宗淡水鱼鱼糜制品的工业化加工技术,讲述了鱼糜加工的主要工艺和设备等;第九章大宗淡水鱼休闲制品的工业化加工技术,讲述了几种主要的休闲制品的生产工艺;第十章大宗淡水鱼加工废弃物的高值化综合利用技术,讲述了鱼骨、鱼鳞、鱼皮和鱼内脏的高值化加工技术;第十一章卫生管理和作业规范,讲述了大宗淡水鱼原辅材料、生产车间的卫生要求和管理,此外还介绍了HACCP在淡水鱼加工中的应用和食品生产许可证的办理。

本书由江西省大宗淡水鱼产业技术体系的首席专家江西师范大学涂宗财教授、江西省农业厅吴登飞和黄文统筹,南昌大学王辉编排。第一、二章由陈媛协助编写,第三、四章由刘光宪协助编写,第五章由沙小梅和杨文华协助编写,第六、九章由马达协助编写,第七、十章由黄涛协助编写,第八、十一章由李金林和杨文华协助编写,全书由涂宗财、王辉和张露统稿、校稿和审定。

本书的编写参考了大量专家学者的资料、言论和书籍,在此向工作在该领域的专家学者表示感谢。

本书的编写得到了江西省农业厅、财政厅等各个单位的关心和帮助,为本书的顺利完成提供了宝贵的意见和建议,在此向他们表示最衷心的感谢。

由于编写水平有限,书中可能存在错误和不当之处,敬请读者批评指正。

涂宗财

2015年2月1日

书于江西师范大学青山湖校区

目录

Contents

第一章 概述

第一节 大宗淡水鱼简介

一、淡水鱼

淡水鱼类是指生活在淡水（盐度为千分之三）水域中的各种鱼类。现知全世界淡水鱼类有8600余种，我国淡水鱼类则有800余种。在这些类别中，种类最多的是鲤鱼类，而绝大多数种类的鲇鱼也是生活在淡水中，其数量仅次于鲤科，我国淡水鱼类的组成也与世界淡水鱼类的组成类似。

淡水鱼类的生活环境多种多样，在不同理化性质及生物群落环境中的鱼类表现出各自不同的生活方式、食性、生长及生殖等特性，如下表1－1所示：

表1-1　不同生活环境中的淡水鱼类的主要特性

不同生活环境中的淡水鱼类	主要特性
高原水系中的鱼类	适应气候寒冷、水流湍急的环境 体型一般较长,有较强的游泳能力 繁殖季节早,幼鱼有较长的生长期 多以刮取着生藻类或底栖生物为食 典型代表为裂腹鱼类和条鳅类
江河上游、水急、石砾多的溪河中的鱼类	个体不大,形态特殊 不少种类腹部有“吸盘”状器官,使其能紧贴在急流中的石砾上而不致被水流冲走 在湍急的环境中产卵,卵多为黏性 食性以刮取石块或底泥上的着生藻类为主
平原地区水系中的鱼类	由于水流平缓,沿岸湖泊多,种间关系也显得比较复杂,有专靠猎食小型鱼类的凶猛鱼类,也有草食性和杂食性鱼类 许多种类产的是漂浮性卵,怀卵量也较多,为这些种群的保存和发展创造了极为有利的条件 也有不少种类产沉性卵或黏性卵,甚至还有筑巢护卵的习性

我国淡水鱼类的分布区划分分别属于世界淡水鱼类区划分的全北区和东洋区,以云南省腾冲、下关、通海、富源沿南岭到浙江天台山一带为两区的分界线,即:分界线以北地区属于全北区,分界线以南地区属于东洋区。我国淡水鱼类可以再细分为5个分布区,如表1-2所示:

表1-2　中国淡水鱼类的五大分布区

分布区	地理划分	主要鱼类品种
北方区	东北的黑龙江、图门江、鸭绿江,西北的额尔齐斯河与乌伦古河等水系	茴鱼科、鲑科、狗鱼科、江鳕及杜父鱼等耐寒性很强的鱼类
华西区	新疆西北的塔尔巴哈台山往东到北塔山,向南沿甘肃河西走廊、四川青川、雅安再到云南保山等中国西部广大地区	裂腹鱼亚科等
宁蒙区(高原地区)	贺兰山与阴山以北的蒙古内陆水系与河套地区的黄河水系	鱼类贫乏,只有鲤科、鳅科、鲇科及刺鱼科等少数种类
华东区(江河平原地区)	辽河平原地区、海河平原地区及江淮平原地区,其中以包括钱塘江、长江和淮河等水系的江淮平原地区的种类最多	鱼类的种类最多,包括有250余种
华南区	处于热带、亚热带或接近亚热带的地区	以鲃亚科的种类最多,鲇、鮠、胡子鲇、鲱、攀鲈、乌鳢等鱼类也较常见

我国内陆水域十分辽阔，总水面积近0.2亿公顷，66.7公顷以上的湖泊有2.5万个，水库8.4万余座，池塘133.3万公顷。流域面积在666.7公顷以上的河流有5500条，为发展淡水养鱼创造了优越的自然条件。我国有悠久的养鱼历史和丰富的养鱼经验，淡水鱼产量居世界第一位。20世纪80年代以来，我国各地大力发展淡水鱼类养殖业，根据中国渔业统计年鉴(2014)显示，2013年全国水产品总产量达到6172万吨，比上年增加了4.47%，其中海水产品总产量为3138.83万吨，占总产量的50.85%，淡水产品总产量为3033.18万吨，占总产量的49.15%。在淡水养殖和捕捞中淡水鱼占主要产量，养殖淡水鱼2481.73万吨，捕捞淡水鱼166.12万吨，共计2647.85万吨，其中大宗淡水鱼产量1881万吨，占淡水养殖总产量的67%，占水产养殖总产量的41%。

二、大宗淡水鱼

目前，我国淡水养殖的鱼类约有30余种，其中普遍养殖的大宗淡水鱼有“四大家鱼”(即青鱼、草鱼、鲢鱼和鳙鱼)，鲤鱼，鲫鱼和鳊鱼，这类鱼容易养殖，生产成本低，养殖范围大，基本上全国各地都有，是我国大众日常生活消费的主要淡水鱼，故通称为“大宗淡水鱼”。

(一)青鱼

青鱼(*Mylopharyngodon piceus*)，又名青鲩、乌青、螺蛳青、黑鲩、乌鲩、黑鲭、乌鲭、铜青、青棒、五侯青等，在台湾称为乌溜或鰡仔，是辐鳍鱼纲鲤形目鲤科中的一个种，是我国四大家鱼之一(见彩图1)。青鱼体形呈圆筒形，腹部圆而无角质棱，头较尖；体色及各鳍青黑，腹部灰白；鳞大而圆，尾鳍叉形；咽部有坚实的臼状齿，适于压磨食物；肠较短，约为其体长的1.5倍。在天然环境的水体中主要以螺蚌类动物性饵料为食，生长快，其最大个体重量可达60～70千克。青鱼在我国长江、珠江及东北一些河流均有分布，栖息于水的中下层，其肉嫩味美，经济价值高。南北各地均可养殖，在人工养殖的情况下，生长较快，少有单养，如与草鱼、鲢鱼、鳙鱼搭配混养较为恰当。喂养到体重2～3千克时上市为宜，并且青鱼肉厚刺少，富含脂肪、味鲜美，除烹饪鲜食外，也适合加工成糟醉品、熏制品和罐头食品。

(二)草鱼

草鱼(*Ctenopharynodon idellus*)，又叫鲩、油鲩、草鲩、白鲩、草根(东北)、混子、黑青鱼等，属鲤形目鲤科雅罗鱼亚科草鱼属(见彩图2)。其体较长，近似圆柱形，腹面无角质棱；体色黄褐，背方、头部的颜色较深，腹部灰白；鳞大而圆，后缘灰褐；各鳍色淡灰或淡黄。通常喜栖息于水体的中下层或靠近水草多的地方，是比较典型的草食性鱼类，一般体长6厘米以下的鱼苗、鱼种主要吃浮游动物和藻类，生长至6厘米以上时，其食性就明显地转向吃食各种草类，如眼子菜、苦草、轮叶黑藻、小茨藻、浮萍等水生植物，也喜吃各种陆生嫩草、蔬菜、米糠、麸皮、豆饼、豆渣和酒糟等。因其生长迅速，饲料来源广，是我国淡水养殖的四大家鱼之一。

草鱼是比较大型的鱼类，最大个体可达40多千克，如果饲养条件良好，投以配合饲料喂养，通常1年龄鱼的体重可达0.7～1.0千克。适宜上市的食用性商品草鱼规格以1.5～2.0千克为佳。草鱼的加工食用方法与青鱼相似，口味稍逊。

(三)鲢鱼

鲢鱼(*Hypophthalmichthys molitrix*)，又叫白鲢、水鲢、跳鲢、鲢子，属于鲤形目鲤科，是著名的四大家鱼之一(见彩图3)。其体侧扁，背部青灰色，两侧及腹部白色；头较大，眼睛位置很低，鳞片细小；腹部正中角质棱自胸鳍下方直延达肛门，胸不超过腹鳍基部，各鳍色灰白；鲢鱼性急躁，善跳跃，生活在水体的中上层。鲢鱼是典型的滤食性鱼类，在鱼苗阶段主要吃浮游动物，长至1.5厘米以上时逐渐转为吃浮游植物，亦吃豆浆、豆渣粉和米糠等，更喜吃人工微颗粒配合饲料，适宜在肥水中养殖。春夏秋三季的绝大多数时间在水域的中上层游动觅食，冬季则潜至深水越冬。鲢鱼也是大型鱼类，在天然河流中可重达30～40千克，在池养条件下，如果饵料充足的话，1年龄鱼可达到0.8千克。鲢鱼味甘、性平、无毒、肉质鲜嫩、营养丰富，其适宜上市的食用商品鲢鱼体重在1.0～1.5千克较好。鲢鱼产量大，价格便宜，不仅可以鲜食，还可被加工成罐头、熏制品或咸干品、冷冻鱼糜等。

(四)鳙鱼

鳙鱼(*Aristichthys nobilis*)，又叫花鲢、胖头鱼、大头鱼、黑鲢，有 水中清道夫 的雅称，是我国四大家鱼之一(见彩图4)。其外形似鲢鱼，侧扁；头部大而宽，头长约为体长的1/3；口亦宽大，稍上翘；眼位低；鳃孔较大，鳃盖膜很发达；鳞细而密；背部黑色，体侧深褐色带有黑色或黄色花斑；腹部灰白，各鳍浅灰，从腹鳍基部至肛门之间具有角质腹棱，胸鳍较长，其后缘超过腹鳍基部。鳙鱼性温顺，不爱跳跃，生活在水体中层，主要以轮虫、枝角类、桡足类等浮游生物为食，也吃部分浮游植物和人工饲料。鳙鱼主要生长在淡水湖泊、河流、水库、池塘里，其生长速度比鲢鱼快，通常可见到10千克以上的个体，最大者可达50千克，适宜在肥水池塘养殖。在饲料充足的条件下，1年龄的鱼可重达0.8～1.0千克，性成熟年龄与草鱼相同或稍早，初成熟个体体重大，部分地区需10千克以上方可产卵，但在两广地区，通常不足10千克的亲鱼也可产卵。鳙鱼主要以鲜食为主，特别是鳙鱼头，大而鲜美，也可加工成罐头、熏制品、糟醉制品、休闲制品和咸干制品。

(五)鲤鱼

鲤鱼(*Cyprinus carpio*)，又叫鲤拐子，属于鲤科，体呈纺锤形，稍侧扁，背部略突，腹面较扁平；鳞大，上颚两侧各有两须，体色青黄，也有红色和黑褐色的品种（见彩图5）。鲤鱼性温顺，生活在水体下层，对环境的适应性较强，在水温15～30℃范围内均能很好地生长。即使当水体中的溶氧下降到0.5毫克/升时，也不至于窒息死亡。

鲤鱼是杂食性鱼类，在鱼苗、鱼种阶段主要吃浮游动物和轮虫等，成鱼阶段吃各种螺类、幼蚌、水蚯蚓、昆虫幼虫和小鱼虾等水生动物，也吃各种藻类、水草和植物碎屑等，在池内或网箱中喂养时，常投喂各类商品饲料和人工配合饲料。吃食好、生长快、肉质坚实味美、营养丰富、经济价值高，是淡水养殖鱼类中最常见的优良种类之一。依群众的习惯，上市商品鲤鱼的个体重量以0.5～1.0千克为宜。鲤鱼大多鲜食，也可加工成罐头、熏制品、糟醉制品、休闲制品和咸干制品。

鲤鱼的形状容易受外界各种因素或人为条件的影响而改变。人们在长期的生产实践中，培育出近20个鲤鱼的品种，如镜鲤、红鲤、荷包红鲤等。近年来，我国鱼类鱼种科学工作者利用各种杂交方法，又获得了生长快，产量高的许多杂交鲤鱼品种，如丰鲤、建鲤、颖鲤等等，这些新品种都已被推广饲养。由于鲤鱼的适应性强、苗种来源广，且人们喜吃，目前已普遍把它们作为池塘、网箱和流水养殖对象，不少地区也把它们饲养于稻田，收益颇好。

（六）鲫鱼

鲫鱼（*Carassius auratus*），又叫鲋鱼、鲫瓜子、鲫皮子、喜头鱼、鲫拐子、朝鱼、刀子鱼等（见彩图6）。其体形略似鲤鱼，但吻部无须，背部深灰色，体侧和腹部银白或略带淡黄色而易于和鲤鱼区别。鲫鱼分布广，适应能力特别强，能受0℃的低温，也能忍受0.1毫克/升以下的低氧，并在pH 10左右的水体中也能生长繁殖。

鲫鱼也是杂食性鱼类，幼鲫主要吃浮游生物和植物嫩芽、腐屑等，成鱼喜欢吃各种水生昆虫和底栖动物，也吃各种商品饲料，对食物无严格选择。鲫鱼肉味鲜美且富含营养，其鲜肉蛋白质含量高达17.86%。据有关药书记载，鲫鱼肉有健脾开胃、增进食欲、补虚弱，可治脾胃虚弱、泄泻、痢疾和便血的功能，更有“病后食之，易恢复体力；产妇食之，能增加乳汁”之说，可谓珍品。与鲫鱼同类的还有银鲫，原产东北地区，背部较高；白鲫，原产日本，其体型大，高而侧扁；彭泽鲫，原产江西，为鲫鱼中选育出的一个优良品种。它们都具有生长快，个体大的特点，1年龄鱼可达0.2～0.5千克，因而得到广泛的推广养殖。鲫鱼生命力强，苗种来源广，营养价值高，养殖上常作为搭养种类，但近年来趋于进行单养，将其作为池塘、网箱、稻田的主要养殖对象，效益颇高，一般鲫鱼的上市规格为0.1～0.5千克。

（七）鳊鱼

鳊鱼（*Parabramis pekinensis*），又叫长身鳊、鳊花、油鳊、三角鲂、团头鲂、武昌鱼（见彩图7）。其体型侧扁，侧视呈菱形；头尖口小，上下颌等长；腹面自腹鳍基到肛门间有明显的腹棱;体色青灰或深褐色,两侧下部灰白,具有纵向的暗色条纹;体鳞较细密。比较适于静水性生活,主要分布于中国长江中、下游的附属中型湖泊,常栖息在水体的中上层,以水草、旱草和水生昆虫为食。2 年龄可达性成熟,每年五、六月产卵繁殖。其肉质嫩滑,味道鲜美,是我国主要淡水养殖鱼类之一,国内不少地区已作为池塘养殖对象。当年鱼的最大个体重量可达 0.15 ~ 0.25 千克,2 年龄鱼体重在 0.5 ~ 0.7 千克时上市为宜。一般以鲜食为主,有清蒸、红烧等烹饪方法,也可加工成风干鱼、调味熟食、休闲制品等。

三、大宗淡水鱼的主要营养成分和特性

淡水鱼富含蛋白质、脂肪、矿物质和维生素可为人体新陈代谢提供必要的营养素。从营养价值方面来讲,鱼蛋白质的氨基酸组成比较合理,它含有 8 种必需氨基酸,并且这 8 种氨基酸的比例与人体内对这 8 种氨基酸所需要的比例相接近,营养价值较高,鱼蛋白还可以作为生物学价值较低的蛋白源的增补剂。鱼体内所含的甘油三酯也很有用,必需脂肪酸和不饱和脂肪酸的含量都很高,具有重要的营养价值。鱼也是痕量矿物质的重要来源,可以为食用者提供重要的钙和磷,鱼类富含多种维生素,但其量因鱼品种和组织的不同而不同。淡水鱼的营养成分或化学组成是淡水鱼加工中必须考虑的重要因素之一,它不仅关系到淡水鱼的利用价值和鱼产品的食用价值,而且还涉及加工储藏的工艺条件、产品的产量和质量问题。

淡水鱼的化学组成大致是:水占 70% ~80% 、粗蛋白质占 16% ~22% 、脂肪占 6.5% ~20% 、灰分占 1% ~2% 、糖类在 1% 以下,我国大宗淡水鱼的成分见表 1 - 3。即使是相同种类的鱼的鱼肉,由于受季节、饵料、产卵等情况和鱼体部位以及年龄的影响,其化学成分也会产生显著的变化。各种淡水鱼的粗蛋白和灰分的含量在各种因素影响下变化幅度较小,而水分和脂肪变化较大。一般来说,鱼肉含水量少的则脂肪含量就高,含水量高的则脂肪含量就少。红色肉的水分和脂肪含量之和约为 80% ,把脂质储存在肌肉中的红色鱼类有金枪鱼、秋刀鱼、松鱼等,各部位的脂质含量可达 30% ,而相对来说水分的含量就较少。再如越冬前的季节,鱼体内积蓄的脂肪含量多,水分含量少,越冬后,脂肪含量大大减少,而水分含量则有所增加。鲱鱼在产卵前体内脂肪含量高达 13% ,产卵后则脂肪含量消耗殆尽,只有 1% 左右。

表 1-3　七种大宗淡水鱼的成分组成

种　类	水　分	蛋白质	脂　肪	灰分	其他碳水化合物
鲢鱼	75.4	18.6	4.8	1.2	+
草鱼	76.8	17.9	4.3	1.0	+
青鱼	74.3	19.5	5.2	1.0	+
鲤鱼	84.3	13.0	1.6	1.1	+
鲫鱼	75.9	14.4	6.2	3.4	0.1
鳙鱼	82.7	15.3	1.0	1.0	+
鳊鱼	78.7	18.3	1.4	1.5	0.1

注：+表示微量

（一）水分

水是生命体活动必需的物质，是体温的重要调节剂，是溶剂、营养成分和废弃物的载体，是代谢时的反应物和反应介质，是细胞的润滑剂和增塑剂，是生物大分子构象的稳定剂。它不仅是生物体一切生命活动所不可缺少的，也是淡水鱼加工中涉及加工工艺和产品储存性的重要因素之一。

水分在鱼体内的存在状态有两种，一种是自由水，另一种是结合水。自由水是指以游离状态存在的水分，在机体内能与其他物质一起形成组织液，其中溶解着许多水溶性的低分子有机物和无机物。由于水在体内起到了溶剂的作用，因此这部分水在0℃以下才能形成冰晶结构，也能被微生物利用。结合水是指氢键、离子键或其他作用力与蛋白质、糖分或其他物质结合而存在的水分，不具有溶剂性质，不能被微生物所利用。根据结合水与其他物质结合的性质和强度的不同，又可将结合水分为化学结合水、吸附结合水和渗透结合水三种类型。在加工中，可被除去的水分主要是自由水、渗透结合水和部分的吸附结合水，而化学结合水一般不易通过脱水干制方法除去，淡水鱼原料中的这部分水分占总水分的4%～6%。

（二）蛋白质

根据其溶解性质的不同，淡水鱼类肌肉中的蛋白质可分为三类：可溶于中性盐溶液中的肌原纤维蛋白（也称盐溶性蛋白质）、可溶于水和盐酸的肌浆蛋白（也称水溶性蛋白）以及不溶于水和盐的肌基质蛋白（也称不溶性蛋白）。除了上述这些蛋白质之外，通常所说的粗蛋白，还包括存在于肌肉浸出物中的低分子肽类、游离氨基酸、核苷酸以及相关物质，另外还有氧化三甲胺、尿素等非蛋白质含氮化合物。

鱼肉的肌原纤维蛋白质占全蛋白质质量的60%～70%，是以肌球蛋白和肌动蛋白为主体所组成，是支撑肌肉运动的结构蛋白质。其中，由肌球蛋白为主构成肌原纤维的粗丝，由肌动蛋白为主构成肌原纤维的细丝。与陆产动物相比较，鱼肉肌球蛋白的最大特点是非常不稳定,易受外界因素的影响而发生变化,并导致加工产品品质的下降。鱼种之间肌原纤维的热稳定性有很大差异,热水性鱼类较稳定,冷水性鱼类的热稳定性较差,这是水产品加工中必须予以考虑的重要因素,即如何提高肌原纤维蛋白的稳定性,防止其蛋白质发生变性。

肌基质蛋白是由胶原蛋白、弹性蛋白和连接蛋白构成的结缔组织蛋白,肌基质蛋白占全部蛋白质含量的2% ~10%,远远低于陆产动物,所以鱼肉的肉质一般比畜产动物的更酥软,这也是淡水鱼原料蛋白质构成的一个特点。

(三)脂肪

鱼体中的脂肪根据其分布方式和功能性质不同可分为蓄积脂肪和组织脂肪两大类。蓄积脂肪主要是由甘油三酯组成的中性脂肪,储存于体内用以提供生物体正常的生理活动所必需的能量,其含量一般会随着体外和体内因素的变化而变化。组织脂肪主要由磷脂和胆固醇组成,分布于细胞膜和颗粒体中,是维持生命不可缺少的成分,其含量稳定,几乎不随鱼种、季节等因素的变化而变化。

鱼类脂肪中,除含有畜禽类中所含的饱和脂肪酸以及油酸(18:1)、亚油酸(18:2)、亚麻酸(18:3)等不饱和脂肪酸外,还含有20 ~24个碳具有4 ~6个双键的高度不饱和脂肪酸。值得一提的是,鱼油中不饱和脂肪酸和高度不饱和脂肪酸的含量高达70% ~80%,远远高于畜禽类动物。研究表明这与水产动物生长环境的温度有一定关系,环境温度越低,脂肪中不饱和脂肪酸的含量就越高。二十碳五烯酸(EPA)和二十二碳六烯酸(DHA)在海水鱼中含量最高,淡水鱼次之,畜禽类中最少。七种大宗淡水鱼的不同脂肪酸含量见表1 -4和表1 -5。

表1 -4 七种大宗淡水鱼肌肉中的不同脂肪酸含量

脂肪酸的种类		肌肉中不同饱和度的脂肪酸占总脂肪的含量(%)						
		鲢鱼	鲤鱼	草鱼	青鱼	鲫鱼	鳙鱼	鳊鱼
饱和脂肪酸	14:0	1.9	1.4	1.6	1.9	1.5	1.1	2.6
	15:0	0.9	0.3	0.4	0.4	0.7	–	0.4
	16:0	22.1	17.6	14.4	18.2	15.9	20.4	16.7
	17:0	0.3	0.7	0.6	–	–	–	0.2
	18:0	4.6	4.0	3.2	4.1	2.9	4.0	5.6
	合计	29.8	24.0	20.2	24.6	20.7	26.2	25.1
单烯酸	16:1 n-7	5.0	6.2	6.2	5.2	7.9	8.9	6.5
	18:1 n-9	11.3	37.0	24.1	29.7	31.4	30.0	34.3
	20:1 n-9	–	4.2	–	–	3.4	1.8	2.3
	合计	16.3	47.4	30.3	34.9	42.7	40.7	43.1

续表

脂肪酸的种类		肌肉中不同饱和度的脂肪酸占总脂肪的含量(%)						
		鲢鱼	鲤鱼	草鱼	青鱼	鲫鱼	鳙鱼	鳊鱼
多烯酸	18:2 n-6	2.8	18.2	23.1	20.9	18.4	11.1	13.5
	20:2 n-6	1.4	1.8	2.3	1.6	2.1	0.9	-
	20:3 n-6	1.0	1.0	1.6	1.4	1.2	0.6	0.7
	20:4 n-6	6.6	0.8	2.8	2.2	2.3	5.2	0.7
	22:3 n-6	3.5	-	-	0.8	-	-	-
	22:4 n-6	3.3	0.5	0.4	-	0.7	1.2	2.2
	18:3 n-3	3.1	2.6	13.6	10.3	3.8	1.2	1.9
	20:3 n-3	-	1.1	-	-	-	-	-
	20:4 n-3	-	-	1.3	1.2	1.4	-	0.7
	20:5 n-3	12.5	1.5	2.7	1.1	2.6	1.2	1.6
	22:4 n-3	5.4	-	0.3	0.7	0.5	0.3	-
	22:5 n-3	-	0.2	-	-	0.5	1.9	3.1
	22:6 n-3	14.4	0.8	1.5	0.3	2.7	5.8	6.2
	n-6	18.6	22.3	30.2	26.9	24.7	19.0	17.1
	n-3	35.4	6.2	19.4	13.6	11.5	10.4	13.5
	合计	54.0	28.5	49.6	40.5	36.2	29.4	30.6
	n-3/n-6	1.9	0.3	0.6	0.5	0.5	0.5	0.8

表 1-5　七种大宗淡水鱼内脏中不同脂肪酸含量

脂肪酸的种类		内脏中不同饱和度的脂肪酸占总脂肪的含量(%)						
		鲢鱼	鲤鱼	草鱼	青鱼	鲫鱼	鳙鱼	鳊鱼
饱和脂肪酸	14:0	2.1	1.4	1.7	1.5	2.0	1.6	2.7
	15:0	0.4	-	0.4	-	-	-	-
	16:0	13.6	17.1	15.7	15.9	13.8	17.9	17.8
	17:0	0.4	-	-	-	-	-	0.2
	18:0	4.7	3.6	3.7	3.8	2.9	3.7	6.0
	合计	21.2	22.1	21.5	21.2	18.7	23.2	26.7
单烯酸	16:1 n-7	7.4	5.0	4.4	5.1	4.8	7.7	5.5
	18:1 n-9	15.3	33.4	27.2	33.1	14.3	27.7	33.7
	20:1 n-9	-	3.7	-	2.0	2.5	2.5	1.4
	合计	22.7	42.1	31.6	40.2	21.6	37.9	40.6

续表

脂肪酸的种类		内脏中不同饱和度的脂肪酸占总脂肪的含量(%)						
		鲢鱼	鲤鱼	草鱼	青鱼	鲫鱼	鳙鱼	鳊鱼
多烯酸	18:2 n-6	3.0	16.9	23.0	25.7	6.3	8.2	13.0
	20:2 n-6	2.8	2.1	1.5	1.5	2.7	2.0	0.6
	20:3 n-6	0.9	2.1	1.5	1.3	3.8	2.4	0.6
	20:4 n-6	6.6	2.1	2.6	2.0	6.9	4.9	0.6
	22:3 n-6	3.6	2.0	-	0.8	6.4	3.2	2.3
	22:4 n-6	3.3	1.0	0.6	0.4	3.8	4.0	-
	18:3 n-3	4.3	2.0	10.3	2.7	1.8	1.0	1.1
	20:3 n-3	-	2.0	-	1.2	-	2.9	-
	20:4 n-3	2.6	-	1.7	-	4.1	-	0.7
	20:5 n-3	10.9	2.2	3.1	1.0	7.6	3.5	1.4
	22:4 n-3	3.3	1.0	0.6	0.7	3.3	2.1	4.9
	22:5 n-3	-	0.5	0.5	0.3	2.6	1.8	2.8
	22:6 n-3	13.8	1.9	1.5	1.0	10.4	3.0	4.6
	n-6	20.2	26.2	29.2	31.7	29.9	24.7	17.1
	n-3	34.9	9.6	17.7	6.9	29.8	14.3	15.5
	合计	55.1	35.8	46.9	38.6	59.7	39.0	32.6
	n-3/n-6	1.7	0.4	0.6	0.2	1.0	0.6	0.9

(四)无机物

将鱼产品加热至550℃,除去其有机物后,剩下的就是灰分,也即鱼产品中所含的无机物总量,大约占全部质量的1% ~2%左右,其中包括钾、钠、钙、镁、铁等成分。在鱼类褐色肉中铁的含量较多,它是肌肉色素肌红蛋白的必要元素,此外,锌、铜、锰、碘等必需微量元素在鱼肉中的含量都高于畜禽类动物的肉。但由于鱼类的富集作用,一些重金属元素如汞、镉、铅等也会经过食物链在鱼体内进行浓缩蓄积,而且其浓度有随着鱼年龄的增长而增加的趋势。

(五)浸出物

肌肉浸出物从广义上讲是指在鱼类肌肉成分中,除了蛋白质、脂肪、高分子糖类之外的水溶性低分子成分。从狭义上讲肌肉浸出物主要指有机成分,这些成分除参与机体的代谢外,也是水产品特有的呈香、呈味物质的重要组成部分。一般鱼肉中浸出物的含量为1% ~5%,而红身鱼肉中浸出物含量高于白身鱼类,相对而言,浸出物含量高的水产品比浸出物含量低的风味要好。

淡水鱼浸出物包括非蛋白态含氮化合物和无氮化合物,非蛋白态含氮化合物主要是指氨基酸、低分子肽、核酸及相关物质、氧化三甲胺(TMAO)、尿素等,其中肌肽、鹅肌肽、氨基酸、甜菜碱、氧化三甲胺、牛磺酸、肌苷酸等物质都是水产品重要的呈味物质。应该引起注意的是组氨酸很容易被分解为组胺,氧化三甲胺很容易被还原为三甲胺而产生臭味。无氮化合物主要是指有机酸和糖类,有机酸主要包括乳酸、琥珀酸、醋酸和丙酮酸。糖类主要是指代谢中产生的各种糖,包括果糖、核糖等,这些糖的含量在红身鱼和白身鱼中无明显的差异。

(六)其他成分

1. 维生素

鱼类中含有大量的维生素 A(V_A)、维生素 D(V_D)和维生素 E(V_E)等,维生素含量会随着鱼的种类、鱼龄、养殖环境、营养状况、季节和鱼的部位的不同而不同。一般来讲,鱼的部位对维生素含量的影响最大,V_A的含量分布是:肝脏 > 眼睛 > 红肉 > 白肉部分; V_D的含量分布是:眼睛 > 肝脏 > 红肉 > 白肉部分;V_E的含量分布是:眼睛 > 肝脏 > 红肉 > 白肉部分。

2. 色素

淡水鱼的体表、肌肉、血液和内脏等不同的颜色,都是由各种不同的色素所构成,这些色素包括血红素、类胡萝卜素、后胆色素、黑色素和眼色素等。

第二节　大宗淡水鱼的主要传统产品

我国地域辽阔,很多品种的淡水鱼加工都有传统的地方特色,可以根据这些传统工艺开发出适应市场需求的、满足不同人群需要的、不同风味特色的淡水鱼加工制品。

一、干制产品

通过干制加工后,可以降低食品的水分含量,主要是水分活度(a_w),即微生物生长所能利用的水,从而达到抑制微生物生长,延长食品保质期的目的。水分活度(a_w)的定义为食品表面测定的蒸汽压与相同温度下纯水的饱和蒸汽压之比。

一般认为,致病菌只能在水分活度高于 0.85 的食物内生长,各种微生物生长的最低水分活度如表 1 - 6 所示,一般鱼干制品的 a_w在 0.6 ~ 0.75 之间,所以干制品在良好的包装下能够保存较长时间。

表 1-6　各种微生物生长的最低水分活度

最低水分活度	微生物
0.98	在肉上产生黏液的微生物
0.97	假单胞菌、埃希氏杆菌、志贺氏菌等
0.91~0.95	沙门杆菌属、肉毒梭状芽孢杆菌、部分真菌和酵母等
0.87~0.91	假丝酵母、球形酵母、汉逊酵母等
0.80~0.87	多数真菌、多数酵母、金黄色葡萄球菌
0.75~0.80	多数嗜盐细菌、产霉素的曲霉
0.65~0.75	嗜旱真菌、二孢酵母
0.60~0.65	耐渗酵母、旱生真菌
0.60 以下	微生物不能生长繁殖

干制加工在历史上曾是最主要的食品保藏手段，追溯到最早的日晒、风干等自然干燥法，至今已有近两千年的历史，直到今天我们在生活中仍大量采用干制这一既经济又实用的贮藏手段。不同干制方法的基本原理都基于减少产品的水分含量，随着科学技术的发展，多样化的干燥技术也被运用到水产加工上，具体可分为：自然干燥和人工干燥。自然干燥包括晒干和风干；人工干燥包括利用热空气对流干燥（如热风干燥）、传导干燥（如真空冷冻干燥）、能量场干燥（如微波干燥）等。具体加工过程中采用何种方法应根据实际条件如原料鱼种类、大小等因素合理选用。

主要的干制鱼产品包括淡水鱼调味干制品、冷冻鱼干品。淡水鱼调味鱼干片是用生鲜淡水鱼为原料，经处理、调味、烘烤、碾压拉松而制成的一类加工产品，它具有工艺简单、营养丰富、风味独特、携带和食用方便等特点。冷冻干鱼片是在低温下使原料鱼中的冰升华为水蒸气而获得的干制品，得到的产品复水性好、保藏期长、颜色和营养成分损失达到最小值，新鲜品质能够被良好保持，但是冷冻干燥耗能大，干制时间长，导致成本高昂，实际应用中较少。

二、腌制产品

我国腌制食品起源于周朝，距今大约有 3000 多年的历史。腌制是将食盐或糖渗入食品组织内，降低其水分活度，提高其渗透压，从而抑制腐败菌的生长，防止食品的腐败变质，获得更好的感官品质，并延长其保质期的储藏方法。腌制过程包括盐渍和成熟两个阶段，盐渍通过食盐溶液对食品的渗透，使食品内的水分逐渐脱出而减少，降低水分活度（a_w），同时随着盐渍过程的不断进行，被腌制的食品内盐分不断增加，这样就在一定程度上抑制了细菌的活动和食品内自身酶的活力。

水产品的腌制一般采用盐渍的方法，主要可以分为干盐法和盐水浸渍法。在实际应用中根据原料鱼的不同，采用不同的盐渍方法，干盐法一般适用于脂肪含量低的鱼类，盐水浸渍法一般适用于高脂鱼类。我国的淡水腌制鱼产品也称为咸鱼，比较著名的产品有湖南的腊鱼、贵州的侗乡腌鱼等。

三、糟醉制品

糟醉也叫醉制，是采用酒糟或酒对鲜活水产品或腌制品进行调味渍藏的过程。它利用酒糟或酒的呈味成分的作用、酒精的杀菌作用、密封抑制好气菌生长的作用来提高水产品的风味与耐藏性。

糟醉食品来自民间，原料和方法存在着地方差异，各有不同。“糟”大致可分为三种类型：一为酒糟，江南也称之为香糟，带有谷物的粗皮，不能直接食用，一般用于各种生腌的鱼。二是未经蒸馏的米酒糟，也称为白糟，食物经糟制后，不需洗去，可附在食物上一起食用。三是香糟加米酒拌和，过滤取液，以浸渍熟食品。“醉”的方法也有两种，一种是取蒸馏的白酒直接喷洒在鱼体上，置于缸中密闭，促使香气透入鱼肉内；另一种就是用绍兴黄酒加白糖和花椒等调料浸渍。以淡水鱼为原料的传统糟醉鱼品主要有：糟青鱼、草鱼、鲤鱼等大鳞鱼。

四、熏制产品

熏制品是原料经调理、盐渍、沥水、风干，通过与木材产生的烟气接触，从而获得特有风味和保藏性的一类制品。通过烟熏可以达到以下几个目的：

(1)使制品产生特有的烟熏风味：烟熏的初始目的仅仅是为了提高食品的保藏性，后来食品的安全性以及消费者对其的嗜好性成为烟熏的重要目的。

(2)抑制微生物生长：在烟熏的过程中，酚类化合物等会渗透、蓄积在食品中，其中某些成分具有杀菌作用。

(3)形成熏制品特有色泽：烟熏制品表面上特有的红褐色主要由于褐变或美拉德反应生成，另一个原因是由于熏烟本身具有颜色。

(4)抗氧化作用：由于熏烟中所带的抗氧化性烟成分渗透于食品中，因此烟熏对延缓食品中脂肪的氧化也有一定的作用。

(5)改善质地：烟熏一般是在低温下进行的，具有脱水干燥的作用，有效地利用干燥作用可以制备结构良好的熏制品。

熏制品的生产一般经过原料处理、盐渍、脱盐、沥水、熏干等工序制得。现代烟熏方法是让熏烟与食品接触，而这种接触以产生最佳烟熏效果和避免食品附带有害成分为目的。食品烟熏方法主要有3种：冷熏法、热熏法和液熏法。

(1)冷熏法：是制品周围熏烟和空气混合的温度不超过22℃的烟熏过程，冷熏所需时间较长，食品水分损失量大，制品保藏期相对较长。

(2)热熏法：是制品周围熏烟和空气混合气体的温度超过22℃的烟熏过程，热熏法采用的温度又分为30～70℃和80℃以上，前者称为温熏，后者称为热熏。热熏法所需时间缩短，由于温度高，食品表层蛋白质凝固形成干膜妨碍水分外渗导致制品含水量较高，不利于贮藏，但制品色香味优于冷熏法。

(3)液熏法：是利用木材干馏生成的木醋液或用其他方法制成烟气成分相同的无毒液体，浸泡食品或喷涂于食品表面，以代替传统的烟熏方法。

五、软罐头产品

罐头食品被认为是人类最方便、最安全和最卫生的食品之一。食品经过密封，不再受到外界微生物的污染，经过高温杀菌，使食品达到商业无菌。食品进入罐头中后，经过排气，处于真空状态，造成无氧环境，容器完全密闭后，高温高压条件下充分杀菌。罐头食品不需要添加任何防腐剂，就能达到长期保存的目的。

目前国内水产软罐头产品一般分为原味水产软罐头和调味水产软罐头。原味水产软罐头是将处理过的水产原料经预煮脱水后装罐，加入盐、糖、味精等制成的罐头产品，此类罐头保持了原料特有的风味。调味水产软罐头是将处理过的水产原料经预处理（盐渍、油炸、烟熏）后装罐并加入调味料而制成的产品，这类产品又可分为红烧、五香、茄汁、咖喱、豆豉等，各有其独特风味。

六、鱼糜制品

将原料鱼经采肉、漂洗、精滤、脱水、搅拌和冷冻加工制成的产品称为冷冻鱼糜，它是进一步加工鱼糜制品的中间原料，将其解冻或直接由新鲜原料制得的鱼糜再经擂溃或斩拌、成型、加热和冷却工序就制成了各种不同的鱼糜制品。目前市场上此类产品包括鱼糕、鱼丸、鱼香肠等。

鱼糜制品营养丰富，具有高蛋白低脂肪的特点，其原料来源丰富，不受鱼种大小的限制，并可就地及时加工，产品具有食用方便、美味可口、风味独特等优点，因此受到消费者的普遍欢迎。日本和美国是世界上鱼糜制品生产量最大的两个国家，但主要以鳕鱼、沙丁鱼、鳗鱼、带鱼等海水鱼为加工原料。我国近些年来鱼糜生产发展迅速,2013年产量达到132.68万吨,其中利用淡水鱼加工鱼糜制品得到了蓬勃发展。

鱼糜制品花色品种繁多,制作方法不尽相同。根据加热方法,可以分为蒸煮制品如板蒸鱼糕、昆布卷等;焙烤制品如烤鱼卷、烤鱼糕、竹轮等;油煎油炸制品如油炸鱼糕、鱼饼、鱼排、天妇罗等;水煮制品如水煮鱼丸、鱼香肠等。久负盛名的传统地方鱼糜产品有湖北鱼糕、福建鱼丸、云梦鱼面、江西燕皮、山东的鱼肉饺子等,市场上最常见的产品形式有鱼糕、鱼丸、模拟蟹肉棒等。

第三节　国内外研究现状和发展趋势

一、国内外研究现状

2013年我国水产鱼类总产量为3631.97万吨,其中海水鱼类产量为984.12万吨,淡水鱼类产量为2647.85万吨。目前我国的海水渔业加工水平已经接近或达到世界先进水平,在淡水鱼产品加工和综合利用开发研究方面,已取得了一批实用性成果,先后开发了罐头(包括软罐头)、鱼糜制品、冷冻小包装、冷冻调味食品、鱼香肠、调味干制品、熟食品和各种复配型食品(与其他食物混合加工)、各种风味小吃等。利用生物化学和酶化学技术从低值水产品和加工废弃物中研制出一大批综合利用产品,如水解鱼蛋白、蛋白胨、水产调味品、鱼油制品等,大部分综合利用研制成果也都已投入生产,创造了巨大的经济效益,其中不少产品属于世界首创。

我国在淡水鱼产品加工和综合利用研究领域一直以开发性研究为主,对基础性研究较为忽视,与世界先进水平相比,我国基础研究方面落后于国外几十年。世界上第一个水产品加工研究所(英国)"Torry Research Station",从1928年成立就着手开始鱼的基础研究,数十年来,该所在各种鱼类的营养组成和季节变化,鱼产品腐败的生物化学、微生物学和酶化学变化等方面取得了许多理论性研究成果。60年代初由该所编写出版的《*Food As Fish*》一书,至今仍是鱼产品加工研究领域的重要书著。近30年来,世界鱼产品加工领域基础研究进展明显加快。

(1)从研究各种鱼的蛋白质的结构和性能中发现,底层鱼类蛋白质中的盐溶性蛋白质要高于中上层鱼类,而盐溶性蛋白质加热凝固后具有明显的弹性。根据这个理论成果,日本率先生产出了各种鱼糜制品,后来经过不断的深入研究,形成了一整套鱼糜生产的基础理论,在这个理论指导下,鱼糜的生产技术已经传遍了整个世界。

(2)通过研究鱼类中三磷酸腺苷的降解作用,发现了鱼类质量指标K值,它比人们普遍采用的VBN指标更具有科学性和普遍意义,现在已经被世界各国采纳。

(3)从研究各种鱼肉的冰点着手,发现了 -3℃时保藏鱼类比冰鲜方法具有更大的优越性。从而提出“微冻”保鲜的方法,此法也被世界各国采用,进入 90 年代,水产加工科技的基础研究又有三大突破。

(4)日本京都大学一位教授发现,食品中的微生物在 400 兆帕压力下会受到抑制,利用此原理可以不用高温杀菌就能生产出色、香、味俱佳的食品来,目前已有此类产品上市,深受消费者欢迎。

(5)90 年代初,肉类食品加工领域的研究提出了一个新的理论——“栅栏效应”。该理论认为通过多个强度缓和的保质“栅栏”的协同作用实现食品微生物的稳定性,比单一温度手段更能利用计算机快速预报食品微生物状态为高水分水产调味干制品的研究指明了方向。

(6)HACCP 理论。该理论 60 年代开始在美国航天食品上使用,经过 20 多年的补充和完善,美国政府已于 1995 年 12 月正式颁布,并于 1997 年 12 月 18 日起执行。目前,世界上多数国家都根据该理论制订了各自的实施方法。HACCP 是一种预防和保证淡水鱼产品食用安全的体系。

(7)淡水鱼产品加工基础理论研究取得的重要进展还有“水分活度”理论、“功能食品”理论等等。每次理论上的发现,都推动了水产加工科技的飞跃发展,促进水产品的开发和提高产品的科技含量,从而进一步提高水产品的质量和附加值。

二、大宗淡水鱼加工的发展趋势

(一)淡水鱼加工产品的安全和质量将成为今后一段时间内的研究重点

由于淡水鱼类生长的水域环境越来越受到工业废水、生活污水和养殖水体自身污染的影响,而污染物往往通过食物链被水产动植物富集,水产品的食用安全日益突出。为了保证水产品的食用安全和质量,世界各国极为重视渔业环境的保护和监测,欧、美、加等国家和地区陆续制订了有关的法规和标准。

(二)高新技术在大宗淡水鱼加工上的应用研究

首先是生物技术在大宗淡水鱼加工领域的应用研究。其次是采用“高压技术”和“栅栏技术”,研制不经高温杀菌而能较长时间保存的色、香、味俱佳的鱼加工产品。第三是采用化学或物理方法相结合的新技术,生产超细微粉末食品、“纸张食品”和“气体食品”等。

(三)鱼产品利用化学的基础研究进一步向分子水平深入

目前关于鱼蛋白分子的立体结构和官能团的性质和作用的研究日益增多,通过这些研究能揭示出蛋白质变性的机理,探明鱼油分子的立体构造和内部组合对人体的作用。

(四)淡水鱼制品的开发研究正朝着多样化和个性化方向发展

重点发展的食品是:方便食品、速冻食品、微波食品、保鲜食品、儿童食品、老年食品、休闲食品和调味品,以便满足21世纪人们生活节奏加快,消费层次多样化和个性化发展的要求。

第四节 大宗淡水鱼加工业中存在的问题

近20年来,淡水鱼加工业取得了长足发展,但与海鱼加工业相比,仍存在基础研究薄弱、装备落后和工程化技术缺乏、加工与综合利用率低、产品的科技含量和附加值低、产品市场竞争力弱等瓶颈问题。

一、大宗淡水鱼加工领域的应用基础研究薄弱,缺乏原创性成果,致使产品的科技含量和附加值低

我国淡水鱼加工领域基础研究起步较晚,应用研究和高技术研究较为薄弱,缺乏原创性技术成果,难以推动淡水鱼加工业的跨越式发展。2013年,我国加工水产品总产量1954.02万吨,其中冷冻制品1229.98万吨、鱼糜制品132.68万吨、干腌制品157.95万吨、藻类加工品98.99万吨、罐制品37.45万吨、鱼油制品7.70万吨和其他加工品189.68万吨,其中冷冻制品、鱼糜制品和干腌制品产量占总加工量的77.82%。2013年,用于加工的淡水产品的总量为555.52万吨,加工比例18.31%,而用于加工的海水产品的总量为1613.21万吨,加工比例为51.40%,可见淡水产品用于加工的总量远远低于海水水产品。并且,我国对不同品种、不同季节、不同鱼龄的淡水鱼鱼体各部分比例、营养成分、加工特性及其与产品品质的关系等基础数据的收集和研究不足,限制了淡水鱼在加工技术和加工产品方面的创新和提升。

二、大宗淡水鱼加工业的集聚度低、企业规模小、创新能力不足,致使产品明显趋同

我国水产品加工企业主要集中在山东、福建、浙江、海南、广东、江苏、辽宁、上海等沿海省市,且大部分都是海鱼产品的加工企业,其加工产量、产值均占全国水产品

加工业的85%～90%，而淡水鱼类的加工比例仅为18.31%，远低于我国海水产品的加工比例(51.40%)和国际水产品的加工比例(75%)。淡水鱼加工业集聚度低，加工企业规模较小，2013年，安徽、江西、河南、湖北、湖南、重庆、四川、贵州、云南等9个内陆省份共有水产品加工企业782家，年加工能力263.54万吨，平均产能3370.08吨。在品种方面，除烤鱼、豆豉鱼罐头、罗非鱼片已形成一定的产业规模外，其他产品的加工数量低，加工企业存在规模小、创新能力不足、产品趋同等问题。

三、大宗淡水鱼加工业生产装备落后，产业化配套技术缺乏，致使产品成本偏高，市场竞争力弱

我国水产品加工企业从2005年的9128家增加到2013年的9774家，但我国水产品加工比例并未显著提高，大多数企业的技术装备水平低，特别是实用、效率高的淡水鱼剖杀、去脏等前处理设备缺乏，手工生产比例大，生产效率低。对新产品而言又缺乏适宜的加工装备，难以形成规模化生产。加工副产品的利用程度低，例如鱼糜加工的采肉率只有25%左右，出口鱼片的成品率只有40%，而剩余的60%～70%的鱼体都成了副产品，由于缺乏配套的工程化技术，这些副产品没有得到很好的开发利用和增值。正是因为加工技术不配套、装备落后、生产效率和原料利用率低，导致了产品成本偏高，市场竞争能力弱。

四、质量保证、标准控制体系与风险评估技术亟待完善

我国水产品加工业的质量标准体系、检验监测体系、食品安全控制体系及质量认证建设相对滞后，在发达国家已普遍接受的SSOP、GMP、HACCP等质量管理与控制体系及标准，在我国目前只在一些出口型或大型企业开始实施，很多企业对HACCP体系的内涵和意义认识不够。据不完全统计，我国通过HACCP质量控制体系认证的水产品加工企业只有503家，占6.4%，通过欧盟认证的企业只有196家，占2.5%，数量明显偏低。与发达国家相比，我国水产品质量标准体系不完善，产品中的安全卫生指标较少；养殖过程中滥用药物及生产加工过程中滥用食品添加剂的现象较为突出；投入品标准化体系、安全生产及危害评估体系、全程质量控制体系不健全，水产品的质量安全仍存在隐患。

第五节　促进大宗淡水鱼加工业发展的建议和策略

一、强化利益共享与责任共担机制，促进水产养殖业与加工业同步发展

目前，我国淡水鱼养殖以池塘为主、由一家一户构成，存在养殖分散、规模小的问题，但加工企业不仅对原料鱼需求量大，而且直接面向市场，需要原料鱼安全、卫生且能全年均衡供应。但是，加工企业难于对众多分散的养殖户进行直接管理，常会因渔民未按规范进行养殖而出现安全质量问题，也会因为养殖模式的问题而使淡水鱼在秋、冬季集中上市，其他季节渔获量少、价格高、不能满足加工企业需要的问题。因此，水产品加工企业应重视和强化加工原料鱼生产基地建设，采用利益共享与责任共担的机制，组成加工龙头企业＋养殖基地的产业化经营模式，加强生产调度、强化质量标准体系、安全生产与质量控制体系建设，从而保障水产品质量和安全，保障水产品加工企业所需的原料鱼的周年均衡供应，促进水产养殖业与加工业同步发展。

二、强化关键配套技术研发，解决淡水鱼加工产业发展的瓶颈问题

尽管我国是全球最大的淡水鱼生产国，但是由于2000年以前对淡水鱼加工技术研发重视不够，淡水鱼加工新技术和新产品缺乏。80年代以来，在引进鱼糜及其制品生产技术、设备的基础上，借鉴海水鱼加工技术和装备，在淡水鱼精深加工和综合利用技术方面做了大量研究，开发生产了小包装鲜（冻）鱼丸、鱼糕、罐装鱼丸等鱼糜制品、冷冻产品、干制品、腌制品、罐头产品等，在淡水鱼加工利用方面取得了可喜的成果，但我国淡水鱼加工业目前仍然存在过度依赖国外市场、产品类型较少、综合利用率低、关键技术不配套等问题。因此，需要根据我国淡水鱼加工产业发展需求，在研究淡水鱼营养特性、加工特性的基础上，开展淡水产品加工理论与产品创新、水产品保鲜与保活贮运技术开发、水产品品质与安全控制、水产品加工装备研发与工程设计等工作，形成完备的科学研究与技术创新体系，为淡水鱼加工产业发展提供强有力的技术支撑。

三、强化产学研合作机制，构建我国淡水鱼加工业的技术创新体系

由于我国淡水鱼类加工业起步较晚，水产品加工企业的规模小、研发人员少，企业自身技术创新和产品创新能力弱，因此，我国淡水产品加工行业应依托大专院校或科研院所，建立公共研发平台和产业创新中心。构建以市场为导向、以企业为核心、产学研相结合的技术创新体系和技术服务体系，推动我国淡水鱼加工业的产业升级。2009 年，农业部渔业局与农产品加工局联合启动了我国水产品加工技术创新体系建设，在全国遴选设立了 1 个国家水产品加工技术研发中心，15 个水产品加工技术研发分中心，涵盖了海水产品和淡水产品，该体系的建成势必会进一步推动我国水产品特别是淡水鱼加工业的健康、可持续发展。

第二章
大宗淡水鱼的剖杀与保鲜技术

第一节　大宗淡水鱼品质评价

鲜度是一个非常重要的评价水产品质量的指标，它反映水产品的新鲜程度。由于淡水鱼肌肉的含水量高，肌基质蛋白较少，组织柔软细嫩，特别是体内含有较多的、活性较强的水解酶类，淡水鱼宰杀或死亡后，肌肉组织会在内源性水解酶的作用下，在较短时间内发生僵直、解僵和自溶，再在微生物作用下快速腐败变质，导致肌肉组织软烂、失去光泽，同时核苷酸降解为次黄嘌呤，鱼肉中积累大量的挥发性含氮化合物以及硫化物，致使淡水鱼鲜度逐渐下降甚至丧失。

一、检验方法

评价水产品鲜度的方法较多，根据淡水鱼捕捞后产品的外观形态、风味特点、物理化学性质、安全性以及适口性等变化情况，可采用感官检验、物理检测、化学检测以及微生物检测等方法进行评价。

(一)感官检验法

感官检验法是利用人的视觉、味觉、嗅觉和触觉来鉴别鱼类品质优劣的一种检验方法，具有快速、简便的特点。通常从鱼类眼球、鳃部、肌肉、体表、腹部以及水煮试验等方面进行评价。

表2-1 新鲜淡水鱼感官检验特征

项目	新鲜度
眼球	眼球饱满，角膜透明清亮，有弹性
角膜	透明清晰，无血液浸润
鳃部	透明鲜红，勃液透明无异味，鳃丝清晰，鳃盖紧闭
肌肉	坚实有弹性，手指压后凹陷立即消失，无异味，肌肉切面有光泽
体表	有透明黏液，鳞片鲜明有光泽，贴附鱼体紧密，不易脱落
腹部	正常不膨胀，肛门凹陷无污染
水煮试验	鱼汤透明、油亮，气味良好

(二)物理检测法

物理检测法是根据鱼体僵硬情况及体表的物理、化学和光学变化来评价水产品鲜度的一类方法，目前，常用的有僵硬指数法和激光照眼法。

僵硬指数法适用于从“鱼体僵硬初期”到“僵硬期”再到“解僵期”过程中鱼体鲜度评价，在解僵后则不适用。

激光照眼法是另外一种评价鱼类鲜度的方法，其原理是根据鱼眼对激光反射光线的强度和频率来测定鱼的新鲜程度，鱼的鲜度越高，鱼眼反射光的强度越强、频率越高。

(三)化学检测法

化学检测法是根据水产品在保鲜过程中所发生的生物化学变化来评价其鲜度的一类方法，也是一类相对可靠、应用最多的水产品鲜度评价方法，可通过测定水产品的K值、挥发性盐基氮(TVB-N)和三甲胺(TMA-N)等含量来评价水产品的鲜度。K值是评价鱼体在僵硬以前及僵硬至解僵过程中其鲜度的良好指标，K值越小，鲜度越高，一般新鲜鱼的K值小于10%。

挥发性盐基氮一般是评价从解僵自溶至腐败过程的水产品的鲜度变化，挥发性盐基氮含量越低，产品新鲜度越高，但它不能反映出鱼类死亡后的早期鲜度。三甲胺含量则可用评价水产品的风味及可接受性。

(四)微生物法

微生物法是通过检测贮藏保鲜过程中，鱼体内细菌总数来评价其鲜度的一种方法。鱼体在死后僵直阶段细菌繁殖缓慢，而到自溶阶段后期，因含氮物质分解增多，细菌繁殖很快,因此测出的细菌总数大致反映了鱼体的新鲜度。一般细菌总数小于10^4个/克的可判为新鲜鱼;大于10^6个/克则表明腐败开始;介于两者之间的为次新鲜鱼。

目前尚没有统一的评价体系来评价不同水产品的鲜度,一般可根据水产品保鲜、贮运、加工的实际需要,对上述指标有针对性地组合,科学地评定水产品的鲜度。在我国法定标准如《鲜、冻动物性水产品卫生标准》(GB 2733 - 2005)中,规定淡水鱼的挥发性盐基态氮含量不高于 20 毫克/100 克、组胺含量不高于 30 毫克/100 克;在《鲜青鱼、草鱼、鲢鱼、鳙鱼、鲤鱼》(SC/T 3108 - 1984)中,规定淡水鱼细菌总数不超过10^6个/克(二级鲜度)。

(五)其他先进检测方法

鱼新鲜度的常规检测方法难以满足无损检测和实时性检测的要求,为实现淡水鱼新鲜度的无损实时检测,电子鼻、电子舌逐渐被使用。例如:利用电子鼻、电子舌对淡水鱼进行新鲜度检测,并能有效区分和辨识不同品种、不同储藏时间下鱼肉品质的变化;利用顶空固相微萃取和气相色谱 - 质谱法可研究白鲢鱼的挥发性成分;利用气相色谱 - 质谱法可分析鲢鱼肉中的风味成分,但是成本相对较高。

二、相关指标

(一)感官要求

鲜鱼感官要求见表 2 - 2。

表 2 - 2　鲜鱼感官要求

项目	指标	检测方法
鱼体	体态匀称、无畸形,鱼体完整、无破肚,肛门紧缩	抽样按 SC/T 3016 的规定执行。在光线充足、无异味的环境条件下,将样品置于白色磁盘或者不锈钢工作台上,按要求逐项检验
腮	腮丝清晰,呈鲜红或暗红色,仅有少量黏液	
眼球	眼球饱满,角膜透明	
体表	呈鲜鱼固有色泽,鳞片紧密、不易脱落,体表黏液透明、无异味	
组织	肌肉组织致密、有弹性	
气味	体表和腮丝具有淡水鱼特有的气味,无异味	
水煮实验	具有鲜淡水鱼固有的香味,肌肉组织有弹性,滋味鲜美,无异味	在容器中加入适量饮用水,将水煮沸后,取适量鱼用清水洗净,放在容器中,加盖,煮熟后,打开盖,嗅蒸汽味,再品尝肉质

(二)生物学要求

不得检出寄生虫。寄生虫检验方法按以下规定执行:

(1)在灯检台上进行,要求灯检台表面平滑、密封、照明度适宜。

(2)每批至少抽10尾鱼进行检查。

(3)将鱼洗净,去头、皮、内脏后,切成鱼片,将鱼片平摊在灯检台上,查看肉中有无寄生虫及卵。

(4)将鱼腹部剖开于灯检台上,检查有无寄生虫。

(三)安全卫生指标

(1)无公害淡水鱼产品中有害元素的限量应符合无公害食品水产品中有毒有害物质限量规范(NY 5073-2006)。

(2)水产品中渔药残留限量符合NY 5070-2002标准。

(3)有毒有害物质:二氧化硫≤100毫克/千克。

(4)微生物指标限量:菌落总数≤1.0×10^6个/克;大肠菌群≤30个/100克,致病菌不得检出。

(5)致病寄生虫卵(曼氏双槽勤、阔节裂头勤、领口勤)不得检出。

(6)挥发性盐基氮小于等于20毫克/100克,pH值≥6.3。

(四)判定规则

(1)感官检验:合格率不低于95%判整批合格,否则判不合格。

(2)检验中,若有一项检验结果不符合本部分安全卫生指标(1)~(5)中的规定,则判该批水产品不合格。

(3)检验中,若有一项检验结果不符合本部分安全卫生指标(6)的规定,可加倍抽样对该项进行复验,若仍不合格,则判该批水产品不合格。

三、参考标准

鲜、冻动物性水产品卫生标准:GB 2733-2005。

鲜青鱼、草鱼、鲢鱼、鳙鱼、鲤鱼:SC/T 3108-1984。

无公害食品水产品中有毒有害物质限量规范:NY 5073-2006。

水产品中渔药残留限量符合标准:NY 5070-2002。

总砷和无机砷的测定:GB/T 5009.11。

铅的测定:GB/T 5009.12。

钾的测定:GB/T 5009.91。

镉的测定:GB/T 5009.15。

汞的测定:GB/T 5009.17。

六六六、滴滴涕的测定:GB/T 5009.19。

多氯联苯的测定:GB/T 9675。

土霉素、四环素的测定:GB/T 14931.1。

氯霉素、呋喃唑酮和磺胺类的测定:SC/T 3303。

挥发性盐基氮的测定:GB/T 5009.45。

第二节　鱼体剖杀过程中的变化

鱼类死后,鱼体很快就发生各种理化变化,而且这些变化错综复杂,影响的因素也较多。因此了解鱼类死后变化的规律,有利于延缓或阻止那些不利变化的发生,对鱼产品的加工和保藏有很大的帮助。

一、死后僵硬

活鱼的肉柔软而富有弹性,死后不久就硬化,这种现象称为死后僵硬。导致这一现象的主要原因是,糖原在无氧条件下降解产生乳酸,使三磷酸腺苷(ATP)生成量急剧下降,而 ATP 又不断分解产生磷酸并释放一定的能量;乳酸和磷酸的产生导致鱼肌肉的 pH 下降;当 ATP 下降到了一定的程度时,肌原纤维发生收缩而导致肌肉僵硬;当 ATP 消耗完,能量释放完后,肌肉僵硬结束。在肌肉僵硬期间,原料的鲜度基本不变,只有在僵硬结束后,鱼的质量才发生变化,因此可采取特殊的工艺延迟鱼开始僵硬的时间,并延长其僵硬过程,使原料的鲜度保持较长的时间。

影响鱼僵硬的因素包括以下几方面:

(一)鱼种

僵硬的开始时间和僵硬时间与机体内糖原含量的多少有一定的关系,不同鱼种糖原的含量不同。一般地,中上层洄游性鱼类比定着性鱼类开始进入僵硬的时间早,并且持续的时间较短。同样,生命力强、活动旺盛的鱼类会在死后更短的时间内进入僵硬期,另外,同种鱼种,个体小的鱼死后僵硬较快。

(二)鱼的生理条件

捕捞之前营养状况不良或在产卵之后捕捞的鱼,从死后到开始僵硬之间的时间较短,僵硬持续的时间也较短。此外捕捞前能量消耗大的鱼,由于糖原分解较多,死后就会较快地进入僵硬期,僵硬期也较短。同样,对捕捞上来的鱼处理不当如强烈的翻弄鱼体或使鱼跳动,就会加快糖原的消耗,也会加快鱼的僵硬,因此,鱼体捕捞之后对鱼应予以立即击毙,以降低挣扎引起的能量消耗所带来的不利因素,从而延长僵硬的时间。

(三)温度

鱼体死后的储藏温度是决定其开始僵硬时间和持续时间的重要因素。一般而言,温度越低,僵硬开始的时间会延后,僵硬持续的时间也会延长,鱼体在僵硬前进行速冻比僵硬后进行速冻更能延长僵硬持续的时间。

二、鱼体的自溶作用

鱼肉僵硬期过后,鱼肉就会开始软化,这种现象称为自溶作用。这是由于肌肉中所存在的蛋白酶将蛋白质分解,使肌肉中的氨基酸、多肽的含量增加,肌肉组织变软,失去弹性,从而使肉质软化,鱼体软化产生的氨基酸和多肽容易被微生物利用。这些都为微生物提供了一个良好的生存、繁殖条件,因此,鱼体开始软化后很快就会进入下一阶段,即腐烂阶段。

三、腐败

随着自溶作用的进行,黏着在鱼体表面的细菌就开始利用鱼体表面的黏液和肌肉组织的自溶物生长繁殖。到自溶作用的后期,pH 进一步上升,达到 6.5 ~7.5,细菌在适宜的 pH 条件下生长繁殖的速度加快,并进一步使蛋白质、脂肪等成分分解,使鱼体腐败变质,所以,腐败与自溶作用的时间没明显的界线。

腐败产生的主要特征是鱼体的肌肉与骨骼或鱼刺之间容易分离,并且发出腐败酸臭等异味和产生有毒的物质,具有代表性的腐败产物是氨和胺类。氨的产生主要来源于尿素的分解和氨基酸的脱氨反应,胺类主要来源于氨基酸在细菌脱羧酶作用下的反应产物。胺类包括组胺、尸胺、色胺、腐胺,同时还会产生硫化氢、吲哚类化合物和三甲胺等,这些产物都有恶臭味,有些还有毒性,食用后会引起体质过敏甚至中毒,因此,在淡水鱼产品加工过程中应对原料鱼进行严格的控制,以免发生质量安全问题。

四、影响鱼体变化的因素

(一)自然因素

自然因素主要是指鱼的种类、鱼体温度等因素。鱼种类的不同表现为形态大小、器官结构、生理状态、组织成分以及生物化学特点等方面的差异。产卵后的鱼比体态丰满的鱼易于变质,消化道存有食物的鱼容易腐败。

鱼体温度高低主要取决于外界环境温度,但致死方式也有直接影响。捕获后经过强力挣扎致死的鱼由于体内糖原大量消耗,僵硬期大大缩短,同时糖原分解放出热量(1 克糖原分解产生 240 卡热量)使鱼体温度升高,因而容易腐败。

(二)外界因素

外界温度是鱼货变质的最主要因素,温度越低,僵硬持续时间越长。温度对自溶作用的影响也很明显,温度升高 10℃,分解速度可加快 2~3 倍,一般情况,淡水鱼自溶适温为 23~30℃,该温度接近于室温,因而更易腐败。鱼货在捕获、运销过程中的机械损伤、震动打击和日晒堆积都可能使鱼体表皮破伤、温度升高或 pH 上升,雨淋可使鱼体水分增加,这些可能为细菌感染创造条件,加速腐败进程。

第三节　鱼体剖杀主要技术和设备

鱼体剖杀加工主要包括清洗、分级、定向整理、去头、去鳞、去内脏等环节,研究大宗淡水鱼剖杀技术和装备并实现其综合利用是淡水鱼高效、高质生产的前提。

一、分级技术和装备

淡水鱼剖杀工序中,加工设备对鱼的种类和大小都会有一定的限制,使得分级成为淡水鱼剖杀加工中的一道重要的辅助性工序,经过分级后的鱼为后续加工的执行提供了保障。分级依据一般是鱼体的长度、厚度、重量等,机械分级装置多采用筛选滚筒、振动分级槽等,例如:采用筛选滚筒对不同个体大小的鱼进行分级,相邻滚筒间的间隙从上到下逐渐变大,达到分级的目的。机器视觉技术也被用于鱼体的分级,例如,采用机器视觉技术采集比目鱼头尾、腹背、形状信息,通过一定的计算程序来识别比目鱼的类别,准确率可达到 100%。另外,分级在原料选择、保证原料安全方面起着重要作用,在分级过程中剔除腐败、变质的鱼肉对于保证产品质量具有重要意义。常见的几种分级设备如图2-1至2-3所示。

图2-1　淡水鱼分级设备

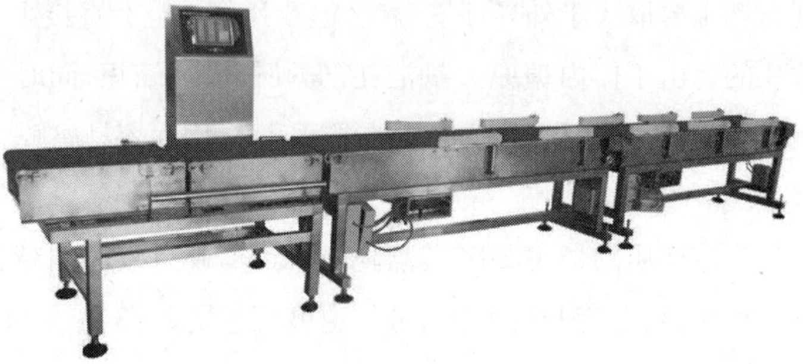

图2-2　10级重量分选机

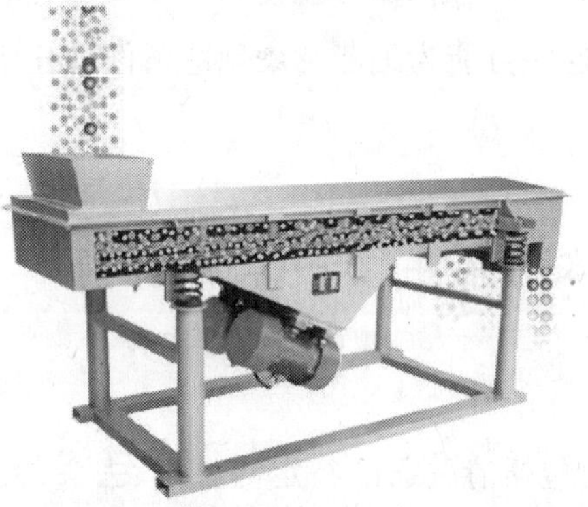

图2-3　轻型直线振动筛分选机

二、鱼体定向整理技术和装备

鱼体定向整理一般分为两种:头尾定向整理和腹背定向整理。鱼体的定向整理是淡水鱼加工前处理中多项工序开始前所必须进行的一个环节,如在切头、除鳞、去内脏、去皮、切片等环节中一般对鱼体方向有一定的要求,因此,在这些工序之前必须先对鱼体进行定向整理。传统加工采用手工定向整理,劳动强度大且效率低,机械化定向整理能够使杂乱无章的鱼体自动地按照一定的方向排列,这对于提高大宗淡水鱼加工效率十分重要。

鱼体的机械化腹背定向整理主要通过腹背颜色差异、重心位置不同、腹背形状差异等来实现。机器视觉技术的发展使得通过鱼腹背颜色差异来判断鱼体腹背成为腹背定向整理的一种新方法。大多数鱼背部颜色要比腹部深得多,这种颜色的明显区别可以用于识别鱼体的背腹方向,从而实现背腹定位的目的。青鱼、草鱼、鲢鱼等大宗淡水鱼背部大多呈灰黑色,腹部则一般近于白色,有明显的颜色差别。该方法利用了先进的传感器技术,需要安装较为复杂的电子检测和自动控制系统,设备成本相对较高。

三、除鳞技术和装备

淡水鱼除鳞工序是淡水鱼剖杀中的一道重要工序,鱼鳞去除方法有机械法和化学法。化学除鳞法是将鱼在苛性碱溶液中浸泡后水喷射去鳞,最后用酸中和鱼体上残余的碱,利用的是强碱的腐蚀性,化学残留控制不当的话会对食品安全与风味产生一定程度的影响。机械除鳞法一般应用搓擦、剥离等一系列机械作用使鱼鳞与鱼体分离。机械除鳞法便于鱼鳞的回收且避免了化学除鳞中可能存在的化学残留,该方法具有更大的实际应用价值。除鳞设备设计过程中要做到三点:①保证高的除鳞率。②尽量避免鱼体受损。③提高生产效率。此外还应考虑除鳞之后产生的下脚料的回收问题。几种机械除鳞设备实图如图 2－4 和图 2－5 所示。

图 2－4　连续去鳞机

图 2－5　旋转去鱼鳞机

四、去头技术和装备

刀具的切割方式和位置是决定鱼头切除大小的关键因素,直接影响鱼的利用率。鱼头切割线有直线型、弧形、V 字形等,切割线越靠近鱼鳃边缘,切割时鱼肉的损耗就越低。V 型法和直切法在实际应用时对鱼体去头效果无显著差别,使用杯型刀可以降低损伤区间、减小刀具直径。

淡水鱼去头设备方面,王平权设计了一种淡水鱼鲜鱼去头去脏机,该机用 U 型盒固定鱼体,采用圆盘刀完成去头去脏的操作,每 15 ~20 秒切 5 条鱼,效率比手工去头去脏要高。切鱼头机的实图如图 2 –6 所示。

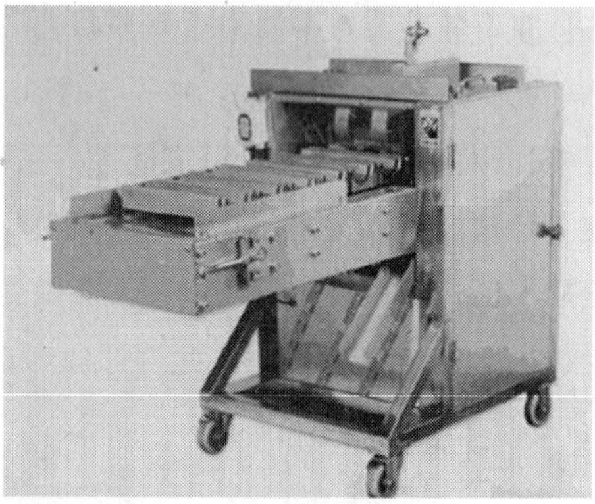

图 2 –6　切鱼头机实图

五、去脏技术和设备

淡水鱼在被捕捞后,其内脏会在鱼体内迅速腐烂,腐烂速度随温度的变化而变化,对鱼进行去内脏处理和速冻是保证鱼肉品质的重要环节。大宗淡水鱼去内脏主要采用机械去除、真空吸除、离心去脏等方法,按照是否对鱼进行剖切又分为剖切和不剖切二种。

不剖切的方法一般是将内脏从去头后的断面取出,例如:德国的巴达 465 型去头机在切鱼头时使鱼体喉部与鱼头系在一起,由两只锥形带齿辊轴夹住食道转动,去头的同时将内脏从鱼体中拉出,鱼头带着内脏一起掉入废料漏斗。真空去内脏和离心法去内脏也可以做到不剖腹去内脏,但真空法设备成本高,离心法鱼体损伤大。去鱼内脏机如图 2 –7 和图 2 –8 所示。

剖切的方法则是先将鱼腹剖开,再采用刀具刮除、水流冲击、离心等方式从腹部去除内脏以及鱼体内的黑膜。在鱼的剖切过程中,鱼体受力是十分重要的因素,它关系到鱼体剖切效果和鱼体表面的损伤程度。为了减少去脏过程中对鱼体的损伤和污染，一般优先选用仿形刀具，同时，了解不同种类淡水鱼的几何尺寸、抗压特性等一些物理特性是设计去鱼内脏机的前提。

图 2－7　大型去鱼内脏机

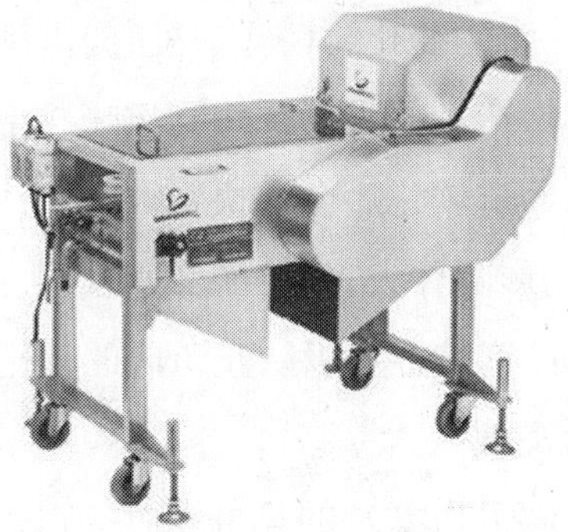

图 2－8　去鱼内脏机

第四节　鱼体保鲜与运输技术

食品在储存过程中往往由于本身的特性和外界环境的影响而发生各种变化，其中有属于酶引起的生理生化和生物学变化，有属于微生物污染造成的变化，还有属于外界环境温湿度影响而出现的化学和物理变化等，所有这些变化都会使食品质量和数量方面受到损失。

一、淡水鱼贮藏中的质量变化

（一）生理变化和生物学变化

1. 僵直

僵直是鱼死后发生的生化变化，其特点是肌肉失去原有的柔软性和弹性，变得僵硬，如手握鱼头其尾部挺直而不下弯就是僵直的表现。鱼肉的僵直与肌肉中的肌糖原酵解产生乳酸和三磷酸腺苷、磷酸肌酸的分解等有密切关系。这些成分的分解都会增加肌肉中酸性成分的积累，降低肌肉的pH，使原来呈松弛状态的肌肉因肌纤蛋白质和肌球蛋白结合形成无伸展性的肌凝蛋白，丧失肌肉的弹性变为僵直状态。

鱼类死后僵直因种类、致死原因和温度等不同而异。一般鱼类的僵直先于畜、禽类，带血致死的先于放血致死的，温度高的又先于温度低的。处于僵直期的鱼是新鲜度高的鲜鱼，食用价值大，从贮存角度出发，僵直期肌肉的pH低，腐败微生物难于生存，肌肉组织致密，主要成分尚未分解变化，基本上保持了鱼肉的原有营养价值，所以适合于冷冻贮存。

2. 软化

软化是鱼肉僵直后进一步的变化，其特点是肌肉由硬变软，恢复弹性，蛋白质和三磷酸腺苷分解使肌肉多汁，产生芳香的气味和滋味。由于鱼类含水多、组织细嫩、带有水中的微生物等原因，经过软化后会很快腐败变质，因此，应防止其死后发生软化。鱼肉软化一般受温度的影响较大，高温能加速软化，低温能延迟软化，当降温至0℃时则可停止软化，因此，冷冻贮存可以防止鱼肉的软化。

（二）由微生物引起的变化

鱼肉含有丰富营养，是微生物繁殖的良好条件，在贮存中往往由于微生物的污染而发生腐败。引起鱼肉腐败的主要微生物是细菌，特别是那些能分泌体外蛋白质分解酶的腐败细菌。

影响微生物繁殖的因素有水分、温度、pH、氧和光线等，其中水分和温度是微生物繁殖最重要的因素。含水量大、水分活度高的大宗淡水鱼制品处在高温之下很容易腐败变质，原来含水量不大、水分活度较低的大宗淡水鱼制品处在高温、高湿的环境中也容易腐败变质。因此控制淡水鱼制品的水分和空气温湿度是防止微生物对淡水鱼制品造成危害的主要措施。对于含水量低或干燥的淡水鱼制品应在相对湿度低于70%的条件下存放，尽量保持其原有的安全水分含量。对于含水量较大的生鲜淡水鱼应控制在低温条件下贮存，贮存温度一般应控制在10℃以下，若长期贮存则应采取冷冻。

（三）颜色变化

鱼肉的颜色变化能反映它们的新鲜度。剖杀过程中，淡水鱼的鱼肉中都存在残留在血液中的血红素。肌红素和血红素的化学性质很相似，它们都呈紫红色，与氧结合能形成鲜红色的氧合肌红素。肌红素的氧化变色对于鱼肉制品的质量影响较大，一般在鱼肉加工过程中加入起色剂硝酸钠防止这种变色，但这种起色剂用量过多也能产生亚硝胺，而亚硝胺是一种能诱发癌症的物质，因此，在大宗淡水鱼产品加工中对硝酸钠的用量需按食品卫生标准规定严格加以控制。

(四)脂肪氧化酸败

脂肪广泛存在于大宗淡水鱼中,在贮存期间往往由于脂肪氧化酸败而造成淡水鱼产品的变质。脂肪氧化酸败给淡水鱼产品在感官上造成的明显特点是产生一种难闻的哈喇气味(脂败味),直接影响其食味,贮存一定时间的淡水鱼都会由于脂肪氧化酸败而产生不同程度的哈喇气味。

脂肪氧化酸败是游离脂肪酸氧化、分解的结果。脂肪经过水解、氧化分解生成醛、酮和低分子脂肪酸等,使食品带有哈喇气味。脂肪氧化酸败不仅使食品的食味变劣,营养价值降低,而且所产生的醛、酮化合物有害于人体健康,如果食用酸败脂肪过多,轻者则引起腹泻,重者还可造成肝脏疾病。

促使脂肪氧化酸败的因素有温度、光线、氧、水分、金属离子(铁、铜)以及食品中的酶等。因此,在贮存上采取低温、避光、隔绝空气、降低水分以及减少与铁、铜等金属的接触都可以起到延缓脂肪氧化酸败的作用,另外,食品中添加维生素 E 等天然抗氧化剂,也可以延缓脂肪氧化酸败。

二、影响鱼制品在贮藏中质量变化的因素

食品在贮藏中质量逐渐下降是一个总的趋势,但是质量下降的速度要受到多种因素的影响,这些因素可归纳为内因和外因两个方面。

(一)内因

在内因方面主要包括食品的抗病能力、食品的加工与处理以及食品的包装等。

(1)食品的抗病能力既与食品的种类、品种密切相关,又与它们在生长期间的发育、管理等因素有关。不同种类的鱼因组织结构、化学成分和生物学特性不同对外界微生物的抵抗能力不同,内部所发生的化学变化与物理变化的速度也不同,因此,不同种类的鱼在贮藏时质量下降的速度不一样。

(2)通过改变产品的组成、结构、状态或环境条件使食品中的微生物和酶受到抑制,通过减慢各种化学反应和物理变化的速度来降低产品质量下降的速度。通常采用的方法有:冷加工、干制、盐腌、糖渍、烟熏、气调、辐照、杀菌密封、防腐剂处理等。大宗淡水鱼加工除了可以增强鱼产品在贮藏中的稳定性,还可以增加大宗淡水鱼加工产品的品种、提高营养价值、改善色泽、增添香气和滋味、改进食用方便性等。

(3)食品包装在淡水鱼制品贮藏中起着许多重要作用,其中最重要的作用是维护其质量。例如:防潮包装可防止产品含水量的变化;脱氧、充氮或真空包装可防止产品发生氧化酸败;加热密封包装可杀死微生物,破坏酶的活性,而且还可防止微生物的再次污染等。因此,食品有一个良好的包装,就可以大大地减慢产品质量的下

降速度。

（二）外因

影响淡水鱼质量变化速度的外因主要是环境温度、相对湿度和气体成分等因素。

(1)温度是影响淡水鱼在流通中稳定性最重要的因素。它不仅影响淡水鱼体内发生的化学变化和酶促反应，以及由此引起的生鲜食品的僵直过程和软化过程，它还影响着与淡水鱼质量关系密切的微生物的生长繁殖过程，影响着淡水鱼中水分的变化及其他物理变化过程。一般来讲，温度升高导致淡水鱼质量下降速度加快，温度每升高10℃，其质量的下降速度大约增快1倍，因此，淡水鱼在流通中保持低温状态是食品保鲜最普遍采用的方法。

(2)环境相对湿度对淡水鱼品质变化速度的影响是因为它直接影响食品的水分含量和水分活度。当环境相对湿度小于淡水鱼的水分活度时，淡水鱼的水分就逐渐逸出，水分活度下降直至与相对湿度相等为止；当相对湿度大于水产品的水分活度时，环境的水蒸气就转入淡水鱼，使淡水鱼的水分活度增大，最后也是二者达到相等为止。含水量不仅会影响淡水鱼的营养成分、风味物质和外观形态的变化，而且还会影响微生物的生长繁殖，因此，淡水鱼的含水量，特别是淡水鱼的水分活度与其质量变化具有十分密切的关系。含水量充足、水分活度高的淡水鱼应在相对湿度较大的环境中贮存，以防止水分散失；含水量少、水分活度低的干制品则应在相对湿度低的环境中贮存，以防止吸附水分。

(3)氧气对淡水鱼质量变化具有重要的影响。正常空气中含有21%的氧气，它具有很强的反应能力，会使淡水鱼的许多成分发生氧化反应，导致其质量发生劣变。如淡水鱼中脂肪的氧化酸败、蛋白质还原性基团和某些维生素（如维生素C、维生素A和维生素E等）的氧化都是由于氧气作用的结果。氧气的浓度越低，上述氧化反应的速度就越慢，对淡水鱼质量的影响也就越轻。在淡水鱼流通中，为了减慢或避免淡水鱼成分的氧化作用，常常采用脱氧包装、充氮包装、真空包装等方法，或在包装中使用脱氧剂，有的则在水产品中添加抗氧化剂。

三、鱼体保鲜的方法和种类

（一）冷却保鲜（即低温保鲜）

鱼类的冷却是将鱼体的温度降低到接近液汁的冰点，但不冻结的加工工艺。依鱼的种类而不同，鱼类液汁的冰点大约在 -0.5 ~ -2℃的范围内，鱼体液汁的平均冰点可采用 -1℃。鱼体经过冷却作用，温度降低，附着在鱼体上的微生物活动受到抑制,鱼体死后变化的过程也因温度的降低而延缓,从而保持鱼体的鲜度。但是冷却并不能完全抑制微生物的有害活动和鱼体死后变化的过程,因此,用冷却的方法,保鲜时间一般不超过2~3周。

淡水鱼保鲜种类大致可分为在空气中冷却淡水鱼保鲜、用冰冷却淡水鱼保鲜和微冻保鲜三种。淡水鱼在海水或盐水中会发生色泽变化等不良变化,从而影响其质量,因此不适宜用冷海水或冷盐水冷却保鲜法。

1. 空气中冷却淡水鱼保鲜

在空气中冷却淡水鱼需专用的冷却间,冷却间蒸发器可用排管,也可用冷风机。冷却间内温度一般保持在-1~0℃,过高会导致鱼箱内冰的融化,过低会引起慢冻而影响鱼的质量。在空气中冷却淡水鱼保鲜,一般仅在加工前短时间内使用。

2. 用冰冷却淡水鱼保鲜

用冰冷却保鲜又称冰冷却(即碎冰冷却或冰鲜)。由于冰鲜鱼最接近活鲜鱼的生物特性,故各国至今将这个传统保鲜方法仍放在极重要的地位,是新鲜淡水鱼保藏运输中使用最普遍、最重要的方法。用冰冷却淡水鱼保鲜使用的冰一般为淡水冰,这是因为制冰厂一般常设在陆地,要获取清洁卫生的海水较困难;海水对机械设备的腐蚀严重;淡水冰冰点接近0℃,而海水冰冰点较低且不易保存。

一般认为,淡水鱼可用淡水冰,也可用海水冰。冰按其形状分又可分为块冰、管冰、片冰、颗粒冰。

块冰:是渔业上广泛应用的一种机械制冰,基本上都是淡水冰。我国许多制冷设备厂都生产成套的制冰机械设备,规格有10、20、40、60吨等,使用单位也可自制。生产的块冰一般为每块90千克或每块50千克,块冰在使用前需经过碎冰机粉碎成碎冰。碎冰体积大小直接影响到其体积质量和比体积(见表2-3)、冰和鱼混合装箱的容量和比体积(见表2-4)及冷却速度(见表2-5)。

表2-3 碎冰的体积质量和比体积

碎冰程度/厘米(用冰块的大小表示)	体积质量(千克/立方米)	比体积(立方米/吨)	装载密度系数
大冰块(约10×10×5)	500	2.0	0.550
中冰块(约4×4×4)	500	1.82	0.605
细冰块(约1×1×1)	560	1.78	0.617
细冰块混合(0.5~12)	625	1.6	0.687

注:表中装载密度系数是碎冰的容积质量对同容积整块冰的质量比

表2-4　冰和鱼混合装箱的容量和比体积

冰块大小（厘米）	用冰量（占鱼量）/%	体积质量（千克/立方米）	比体积（立方米/吨）	装载密度系数
4×4×4	100	665	1.5	0.70
4×4×4	75	672	1.49	0.72
4×4×4	50	700	1.43	0.73
4×4×4	25	770	1.30	0.81
2×2×2	100	704	1.42	0.75
2×2×2	50	738	1.32	0.77
2×2×2	25	810	1.23	0.85

表2-5　冰块大小与鱼体冷却速度的关系

冰块立体面三边的平均长度/厘米	1	2	4	8
由20℃冷却到1℃所需要的时间/分钟	89	108	134	154

管冰：由管冰机制出，因其形状像竹管而名管冰。其特点是与鱼体接触面积大，冷却速度快，缺点是比体积小。

片冰：片冰的优点是使用方便，不易损伤鱼体，撒布和冷却容易均匀，制冰设备简单，可以在船甲板上及时生产使用，目前丹麦等国家都广泛使用片冰来使鱼货保鲜。

颗粒冰：生产颗粒冰的设备是一种新型制冰设备，这种设备可制取米粒状的颗粒冰，既可制取淡水冰，也可制取海水冰。

水产品冰冷却的方法有两种，即干冰法与水冰法。由于淡水鱼组织较海水鱼更柔嫩、更易变质，淡水鱼捕捞时易被污染，因此在有其他方法可选择的情况下一般不用水冰法保鲜。

干冰法也叫撒冰法，是将碎冰直接与鱼体接触而冷却鱼的方法，它的好处是简便，融冰水既可清洗鱼体表面，除去细菌和黏液，还可以起防止鱼体表面氧化与干燥的作用，撒冰法一般用于整条鱼。鱼类冰冷却保鲜时间与下列因素有关。

（1）鱼的种类：一般地说，低层鱼类保鲜期限长，中、上层鱼类保鲜期限短，这是由鱼的组织成分、组织结构所决定的。

（2）鱼在用冰前的鲜度情况：由于保鲜是在鱼用冰前的鲜度质量的基础上进行的，鱼在用冰前的鲜度质量越好，越有利于保鲜工作的进行，保鲜期限越长。

（3）用冰是否及时：鱼货捕获后，应在第一时间用冰保鲜，用冰是否及时对保鲜期限有极大的影响。

(4)用冰量是否充足:无论是垫冰、抱冰、衬冰或盖冰均不允许出现脱冰现象,否则将严重影响保鲜期限。

(5)碎冰体积的大小、撒布是否均匀:碎冰体积的大小、碎冰的撒布要求尽可能地均匀,使冰与鱼体的接触面达到最大。

(6)船舱(或车厢)有无隔热设备和制冷设备:如船舱(或车厢)有隔热设备和制冷设备,将有利于保鲜工作的进行,保鲜期限将得到延长。

(7)卫生条件是否良好:良好的卫生条件将有利于控制二次污染,延长保鲜期限。

为了保证冰鲜鱼的质量,特别注意以下几点:

(1)渔获后应尽快洗净鱼体,要用清淡水洗。必要时,将鱼去腮、剖腹、清除内脏,洗净血迹和污物,必须注意防止细菌污染。

(2)处理要及时、迅速,按品种大小分类,把压坏、破腹、损伤的鱼选出,不能食用的鱼和有毒鱼要剔除,将易变质的鱼按顺序先处理,避免长时间停留在高温气候中。

(3)尽快地撒冰装箱,用冰量要充分,冰粒要细,撒冰要均匀,层冰层鱼,不能脱冰。对特种鱼,垫冰10厘米,添冰5厘米,残冰50%。

(4)鱼不要装载过多,一般三层鱼以下为一箱,防止鱼体被压坏。如果箱子堆叠,不能超过七层。不许散装,若不得已在鱼舱散装时,则其厚度应在50厘米,不许超过80厘米,每隔50厘米设一层挡板,避免鱼体挤压损伤。

(5)控制好舱温。进货前,应预先冷却鱼舱,保鲜时,舱底、壁要多撒几层冰。舱温应控制在-3~-1℃。有制冷设备的船,切勿把舱温降得低于0℃,否则冰不融化,内部没接触到冰的鱼,因得不到冰水的冷却,热量散发不出,造成鱼体温度降不下来,就会使鱼变质变色。

(6)融冰水要流出,融冰水不流出,会使鱼体膨胀,发生不良影响。

(7)防止融冰水污染下层鱼。融冰水往下流,下层鱼会被污染,故每层鱼箱之间用塑料布或硫酸纸隔开,使每层融冰水容易外流。同时经常检查融冰水的温度,不许超过3℃,若超出该温度,则要加冰。也要注意融冰水的颜色、味道,应保持冰藏良好,水色清无臭。

(8)鱼舱、鱼箱等装载工具必须事前洗刷干净或进行消毒。

(9)不同鲜度的鱼分别装箱装舱,以免坏鱼影响好鱼。

(10)尽量减少中转环节,并在鱼货运输、装卸、加工、销售各环节中,应始终保持低温下进行,注意清洁卫生,避免日晒、雨淋等造成质量下降。

水冰法即先用冰把清水降温(清水0℃),然后把鱼类浸泡在冰水中进行冷却保鲜。其优点是冷却速度快,适用于死后僵硬快或捕获量大的鱼。水冰法一般都用于迅速降温,待鱼体冷却到0℃时即取出,改用冰保藏。并不是整个保鲜过程都用水冰法,因为浸泡时间过长,鱼肉会吸水膨胀、易变质。用水冰法应注意以下事项:

(1)淡水要预冷(淡水近0℃)。

(2)水舱或水池要防止摇动,避免擦伤鱼体。

(3)用冰要充分,水面要被冰覆盖,若无浮冰,应及时加冰。

(4)鱼洗净后才可放入,避免污染冰水。若被污染,需及时更换,严重时还需对容器进行消毒。

(5)鱼体温度冷却到0℃左右时,即取出,改为撒冰保鲜贮藏。

(二)微冻保鲜

把鱼体温度冷却到低于其冰点1~2℃的低温保鲜方法称为微冻保鲜。由于低于其冰点的温度正好处于-5~-1℃,即最大冰结晶生成带温度范围,在冻结时,为了使冻结过程有最大的可逆性,通过-5~-1℃温度范围应尽可能地快。以往的冷冻食品科学家认为,鱼类冷却保鲜温度只能降到-1℃以上,如温度降到-1℃以下,也应避开-5~-1℃,以免由于冰结晶的生成使鱼的质量下降。

与冷却保鲜相比,微冻保鲜方法的主要优点是保鲜期显著延长。如鲤鱼捕后在-1℃微冻可保藏18~20天;在-2℃微冻可保藏24~26天;在-3℃可保藏30~35天。微冻保鲜法分为冰盐混合微冻保鲜法、低温盐水微冻保鲜法和鼓风冻结器中微冻保鲜法。

1. 冰盐混合微冻保鲜法

冰盐混合进行微冻保鲜是目前最为广泛的一种微冻保鲜。

冰盐混合物是一种有效的起寒剂。当盐掺在碎冰里,盐就会在冰中溶解而发生吸热作用,使冰水的温度降低。冰盐混合在一起时,在同一时间内会发生两种作用:一种是冰的融化吸收融化热,另一种是盐的溶解吸收溶解热。因此,在短时间内能吸收大量的热,从而使冰盐混合物的温度迅速下降,比单纯冰的温度要低得多,从而达到降低鱼体温度,保持鱼体鲜度的目的。

冰盐混合物温度的高低程度是依据冰水中掺入盐的百分数决定的,如用盐量为冰的29%时,最低温度可达-21℃,要使渔获物达到微冻温度-3℃,一般可在冰中掺入3%的食盐,混合均匀即可。由于冰融化快,冷却温度也低,冰融化后,冰水吸热温度回升,渔获物温度的回升也快,因此,在冰盐微冻过程中需要逐日补充适当的冰和盐,以期保温。冰盐混合微冻保鲜法具有鱼体含盐量低,鱼体基本不变形,不需要制冷机组,操作简单等优点。

2. 低温盐水微冻保鲜法

低温盐水微冻保鲜法在渔船上应用较多。主要装置有盐水微冻舱、保温鱼舱和制冷系统三部分。低温盐水微冻由于盐水的传热系数大，一般为350～580瓦/(平方米·度)，而空气仅为12～60瓦/(平方米·度)，因此，将渔获物浸在-5℃左右的低温盐水里进行冷却与冻结时，其速度很快。

低温盐水微冻保鲜操作步骤：

(1)将清洁水抽进微冻舱，配成一定量密度为10°Bé(波美度，采用玻璃管式浮计中的一种特殊分度方式的波美计所给出的值，符号为°Bé。用于间接地给出液体的密度，分为重波美度和轻波美度)的盐水。

(2)将盐水温度降到-5℃，同时，保温鱼舱也要降温至-3℃左右。

(3)将渔获物经冲洗后装进网袋放到盐水舱内进行微冻，当盐水温度回升又降至-5℃左右，微冻完毕。

(4)将渔获物用吊杆调出盐水舱，移入保温鱼舱散装堆放，并维持鱼舱温度为-3℃左右。

(5)每次微冻后的盐水要测定浓度，以便补充相应的盐量，盐水污染严重时，要及时更换成清洁盐水。为了防止盐水蒸发器结冰，蒸发压力不宜过低。用低温盐水浸渍微冻保鲜具有鱼体降温速度快、鱼体质量好、保鲜期长、操作简单、处理渔获物效率高、耗冷量小、生产成本低等优点。

3. 鼓风冻结装置中微冻保鲜法

第一网鱼货逐层放在冻结器内微冻，第二网鱼货放到保冷舱内贮藏，由于时间较长，因此每网鱼货都能达到快速均匀微冻和在-3℃比较稳定的温度条件下贮藏。

在这种鼓风冻结装置中微冻保鲜的最大优点是能较理想地实现水产品冷冻工艺条件的要求且装置的可靠性强。该微冻方式存在铜管用量多、施工量较大，制冷剂第一次充注量较多等缺点。

(三)深冷却保鲜

捕鱼时因操作时间短通常采用加冰的方法来维持鱼的鲜度。一方面因用冰的不足、鱼冰接触不均匀及融冰水的影响，冰鲜方法过程鱼的体温得不到迅速下降，另一方面，鱼在冰鲜中是处于闷死状态，闷死鱼的ATP消耗大，鱼体死后僵硬期短，容易腐败变质。冰鲜鱼的K值上升快，鱼的质量和鲜度下降也快。

深冷却保鲜是把捕获的活鱼直接放入-10℃盐水中急速冻结10～20分钟，然后将鱼体移至低温冷却水中保藏的方法。保藏温度控制在0℃至鱼肉的冻结点之间的温度带，一般是0～-1℃。这种冷却技术与冰鲜、冷海水保鲜及微冻技术均不相同，它以鱼的安乐死和先期的急速冻结开始，鱼体的中心温度很快降至-10℃，然后在冷却保藏中慢慢地由内至外均匀地上升鱼体的温度，直至所定的冷藏温度。

深冷却保鲜的优点是鱼的初期冷却充分、在流通中不需要加冰、保鲜期是冰鲜的二倍。不足的是必须有专用低温流通运输车，而盐水冻结对鱼肉的盐度也有直接影响。

（四）气调保鲜

气调保鲜是通过改变和控制鱼产品周围气体组成比例，主要是控制氧和二氧化碳的浓度（即分压），而延长产品保质期的一种保鲜方法，结合冷却贮藏时效果更加明显。当改变包装袋或气调库中的气体比例，如增加二氧化碳或氮气的含量，降低氧气的含量，可以通过抑制微生物的生长繁殖和酶的活性，降低鱼产品中蛋白质的腐败变质和脂肪的氧化酸败。

将某种惰性气体（如 N_2、CO_2）充入装有淡水鱼的包装袋以替换包装袋内空气，则可以使包装物免受大气中的氧或其他元素的影响。研究表明混合气体中 CO_2 含量愈高，包装袋内鱼片的细菌数愈低，这说明 CO_2 有较强的抑制细菌增殖的作用；从食用性和食用口感来考虑，包装袋内充入的气体以 $CO_2 : N_2 = 40\% : 60\%$ 的混合气体为最佳；在常温流通（10～20℃）中，气调保鲜抑菌作用不明显，如配以低温流通（0～6℃），气调保鲜有较强的抑制细菌增殖的效果。

此外，气调保鲜还有保护鱼片新鲜色泽的效果。鱼肉色泽的褐变是鱼肉中肌红蛋白的氧化所引起，刚切开的鱼肉呈紫红色，放置不久后，由于生成氧化肌红蛋白切口的色泽呈鲜红色。鱼肉表面长时间与空气接触后，由于亚铁肌红蛋白氧化成高铁肌红蛋白使鱼肉变成褐色。鱼肉与畜肉一样，当它们呈鲜红色时给人以新鲜感，但鱼肉呈鲜红色时间很短，它的褐变会大大降低商品价值。空气中氧的分压最适宜血红素中 Fe^{2+} 转变成 Fe^{3+}，气调保鲜可以隔绝空气，保护鱼肉色泽不发生褐变。

（五）化学保鲜

化学保鲜是指在水产食品中添加对人体无害的化学物质来延长其保鲜时间的一种方法。鉴于保鲜剂种类繁多，其抑制细菌生长繁殖和保持食品品质的机理也多不相同，有的化学保鲜剂作为食品强化剂直接参加食品的组成，有的化学保鲜剂则是以改变或控制环境因素（如氧）对食品起保鲜作用。化学保鲜剂有人工化学合成的，也有是从天然生物体内提取的。根据化学保鲜剂在保鲜中所起的作用，基本上可分为以下几类。

1. 防腐剂

防腐剂抑菌作用主要是通过改变微生物发育曲线使微生物发育停止在缓慢增殖的迟滞期，而不进入急剧增殖的对数期，延长微生物繁殖一代所需要的时间，即所谓“静菌作用”。防腐剂按其来源不同可分为化学合成防腐剂和天然防腐剂。

化学合成防腐剂由人工合成，种类多，约有 50 多种有机和无机的防腐剂，其中世界各国常用的主要化学合成防腐剂有苯甲酸钠、山梨酸钾、二氧化硫、亚硫酸盐、对羟基苯甲酸酯、丙酸盐、硝酸盐和亚硝酸盐等。

天然防腐剂是生物体分泌或体内存在的防腐物质,经人工提取后即可用作食品防腐剂。该防腐剂为天然物质,有的本身就是某种食用成分,它对人体无毒害,并能增进食品的风味品质,因而是一类有发展前途的食品防腐剂。现在已知的天然防腐剂物质有香辛料中的羰基化合物和萜类,葱、蒜、韭菜中的含硫芳香油,卵蛋白中的溶菌酶以及某些细菌分泌的抗生素(主要是枯草菌素和乳酸链球菌素)。但由真菌分泌的青霉素、棒曲霉素,放线菌分泌的金霉素、土霉素、氯霉素等抗生素多属于医药,若用于食品防腐保鲜,会增强消费者体内病菌的耐药性,而影响抗生素药物的疗效,所以上述抗生素应禁止以防腐剂用于鱼类贮藏。

2. 杀菌剂

杀菌剂是能有效地杀灭食品中微生物的化学物质,主要是通过氧化还原反应导致微生物死亡。按其灭菌特性可分为氧化型杀菌剂和还原型杀菌剂。

(1)氧化型杀菌剂:过氧化物和氯制剂是在食品贮藏中常用的氧化型杀菌剂,这两种杀菌剂都具有很强的氧化能力,可以有效地杀灭食品中的微生物。过氧化物主要是通过氧化剂分解时释放强氧化能力的新生态氧使微生物氧化致死,而氯制剂则是利用其有效氯成分的强氧化作用杀灭微生物。在贮藏中常用的有过氧乙酸、次氯酸钙等。

(2)还原型杀菌剂:在贮藏中,常用的还原型杀菌剂主要是亚硫酸及其盐类,它们也包括在食品添加剂的漂白剂之中。亚硫酸属于酸性杀菌剂,其杀菌作用除与药剂浓度、温度和微生物种类等有关以外,pH 的影响尤为显著。只有食品的 pH 低于 3.5 时,保持较强的酸性条件下才有最佳杀菌效果,且随着亚硫酸浓度加大和温度升高,其杀菌作用增强。但是,考虑到高温会加速食品质量变化和促使二氧化硫挥发损失,所以在生产实际中多在低温条件下使用还原性杀菌剂。亚硫酸对细菌杀灭作用强,对酵母杀灭作用弱。此外,还原型杀菌剂还具有漂白和抗氧化作用,这能够引起某些食品褪色,同时也能阻止食品颜色的褐变。

(3)抗氧化剂:抗氧化剂是防止或延缓淡水鱼氧化变质的一类物质。油脂在贮藏、运输过程中由于氧化发生酸败或油烧现象,不仅降低其营养价值,使风味和颜色劣变,而且产生有害物质危及人体健康。除了对食品原料、加工和储运环节采取低温、避光、隔氧或充氮密封包装等措施以外,配合添加适量的抗氧化剂可以有效地增加食品贮藏效果。

食品抗氧化剂按其溶解性质可分为脂溶性抗氧化剂和水溶性抗氧化剂两类。常用的脂溶性抗氧化剂有丁基羟基茴香脑、二丁基羟基甲苯、没食子酸丙酯及生育酚混合浓缩物等。常用的水溶性抗氧化剂则是抗坏血酸类抗氧化剂。

(六)辐照保鲜

利用放射性同位素^{60}Co和^{137}Cs在衰变过程中释放出的射线辐照食品,使被辐照食品的分子和微生物的结构均发生一系列复杂的化学反应而导致微生物死亡,使食品的保质期延长。

辐照保鲜与其他保鲜相比,具有明显的优点:

(1)可以在包装后一起辐照杀菌,从而防止了二次污染。

(2)对产品的品质和营养成分几乎没有影响。

(3)能耗小,效率高。

辐照的单位为戈瑞(gray,符号为gy),根据辐照剂量的大小可将其强度分为三个等级:

(1)小剂量辐照(<1千戈瑞)杀灭食品中寄生虫;

(2)中剂量辐照(1~10千戈瑞)杀灭食品中沙门氏菌等微生物;

(3)大剂量辐照(10~60千戈瑞)可达到完全抑菌的目的。

(七)超高压保鲜

超高压保鲜技术是一种超高压杀菌技术,是一种新型技术,将淡水鱼用塑料袋进行真空热封后,经高压100兆帕以上处理,目前已经可以达到1200兆帕的加工压力,超高压处理后的淡水鱼产品中的微生物和寄生虫大部分被杀灭,几百兆帕压力处理不会使产品温度升高,只会使高分子中的共价键被切断或形成链状,所以高压产品的风味不发生变化,营养素也不受破坏。加压处理后的蛋白质的表面状态与加热处理大不一样,在一定压力下,仍能维持生鲜状态。与加热杀菌比较,超高压杀菌可以较多的保留食品原有的营养成分、风味及性状,目前海产品加工中出现了"高压海参"等高档加工制品。

四、生鲜鱼类的预包装

由于超级市场和自选商场的迅速发展,商品销售方式和经营管理方法的变革,商品的包装要求也将随之变化。超级市场和自选商场销售的商品都希望采取小单元包装,以便于拿动携带,便于顾客挑选,而且不会互相污染。较之肉类和禽类等食品,生鲜鱼类的预包装尚不够普及,但是鱼类比其他食品更需要避免污染,且更容易变质败坏,因此,生鲜鱼类的预包装是十分必要的。

(一)生鲜鱼类预包装的优缺点

生鲜鱼类预包装的优点有:

(1)鱼的重量、价格和包装日期可以在预包装上标明。

(2)预包装可防止外界的污染,同时鱼类不会污染别的商品。

(3)能延长鱼类的贮存期;可改善销售外观。

(4)可增强生鲜鱼类的市场竞争能力等。

其缺点有:

(1)包装内积蓄水滴和鱼汁。

(2)包装内气味太大。

(3)包装内的鱼变质程度不容易觉察出来。

(4)过分依赖包装,容易忽视其他质量指标。

(5)真空包装容易促进毒性细菌的增殖。

(6)预包装工序耽误发货期,甚至会缩短鱼类的贮存期等。

如果包装材料选用得当,而且包装者、零售人员和顾客都能注意正确的搬运和拿动,爱护包装,以上的缺点是可以克服的。

(二)生鲜鱼类预包装方法

目前,鲜鱼类的预包装方法多种多样,但是主要有三种形式:

(1)真空包装袋法:将生鲜鱼放入塑料袋中,抽出袋中的空气,然后热封。塑料袋材料的透氧率和水蒸气透过率应选用适当。

(2)裹包法:将生鱼平放在塑料浅盘中,上面蒙一张透明的塑料薄膜,薄膜的四边粘贴在盘底(采用自黏性薄膜,或采用热封方法)。

(3)浅盘装袋法:与裹包法相似,但是将塑料浅盘和鱼一起装入塑料袋中,然后将装口热封。这种包装比裹包法更为严密,不透气,也不泄漏。

(三)生鲜鱼类预包装后的贮存期

尽管结合冷藏贮存,采用低密度和中密度聚乙烯塑料袋真空包装的生鲜鱼类的贮存期并不会长,因为聚乙烯的透气率较大,如果采用聚酰胺(尼龙)或复合薄膜包装,则可以适当地延长其贮存期。因此,生鲜鱼包装的贮存期长短直接与包装材料的气体透过率(主要是透氧率和二氧化碳透过率)有直接关系。现在,塑料工业已经为包装工业提供各种不同隔绝性能的复合薄膜,可以满足不同产品特性对包装的要求。

丹麦有关部门规定,在港口包装生鲜鱼类,供超级市场销售,其贮存期不能超过两天以上,或者说,必须在两天之内售出。英国鱼加工研究及相关主管部门提出标准规定,生鲜鱼类的包装货架寿命应达3~4天。

(四)生鲜鱼类预包装的质量问题

鲜鱼包装的一个突出问题是滴汁问题,在冷藏温度(-2~2℃)下,鲜鱼往往会流出鱼汁和血水,积存在真空包装袋里和浅盘里,使包装外观严重恶化,甚至会影响销售。如果鲜鱼或鱼片事先经过10%聚磷酸盐溶液处理1分钟，即可以显著地减少滴汁的程度。

鲜鱼预包装的最重要的问题是控制鲜鱼在包装前的质量，以及控制包装鲜鱼在流通过程中所有环节的冷却温度。包装前，鱼片不应有褪色、淤伤、蠕虫蛆、发软和破碎，在生产过程中，任何时候都必须保证在1～3℃温度范围（包括在包装、装载、运输和展销各个环节），不允许超过3℃。因此，包装的鲜鱼在流通过程的每一个环节，直至展销柜，都必须设有制冷装置，以保证冷藏温度的要求。展销柜的温度应使鲜鱼的温度保持在2℃左右，既不高于3℃，也不应低于1℃。

第五节　鱼体保鲜与运输主要设备及参数

一、鱼体保鲜主要设备及参数

（一）管架式鼓风冻结装置

管架式鼓风冻结装置由冻结室上部的冷却盘管和下部的冷却管架组成，水产品装盘后置管架上，利用鼓风机加强冷空气循环，缩短冻结时间。制冷剂在蒸发管内蒸发，因而在管架之间形成低温，鱼盘置在管架上，通过鱼盘与蒸发管组的接触换热，以及水产品与管架间冷却空气的对流换热，使水产品冻结，装置如图2－9所示。

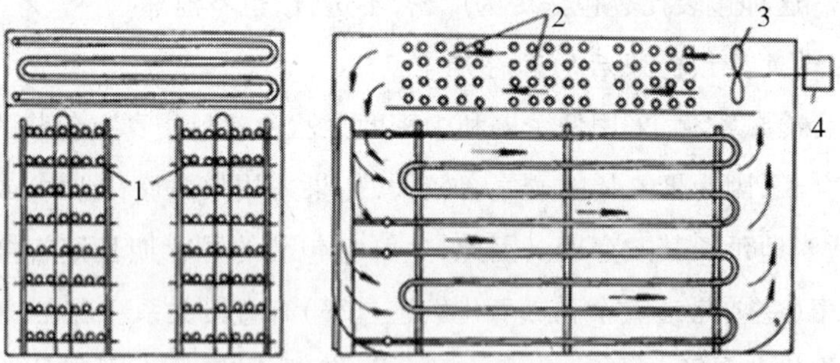

图2－9　管架式鼓风冻结法

1. 冻结装置　2. 蒸发管　3. 轴流风机　4. 电动机

此法优点在于冻结温度均匀，冻结量大，耗电量少；缺点是工作条件较差，劳动强度较大，现在只在一些小型冷库中有使用。此法如能实现装、卸鱼的自动化，对渔业生产的特点（季节性强，有时鱼货高度集中）来说，仍有发展前途。

（二）隧道式送风冻结装置

隧道式送风冻结装置是我国目前陆上水产品冻结使用最多的冻结装置。由蒸发器和风机组成的冷风机安装在冻结室一侧,鱼盘放在鱼笼上,并装有轨道送入冻结室。冻结时,风机使空气强制流动,冷空气流经鱼盘,吸收鱼品冻结时放出的热量,吸热后的空气由风机吸入蒸发器冷却降温,如此反复不断循环,见图 2－10。

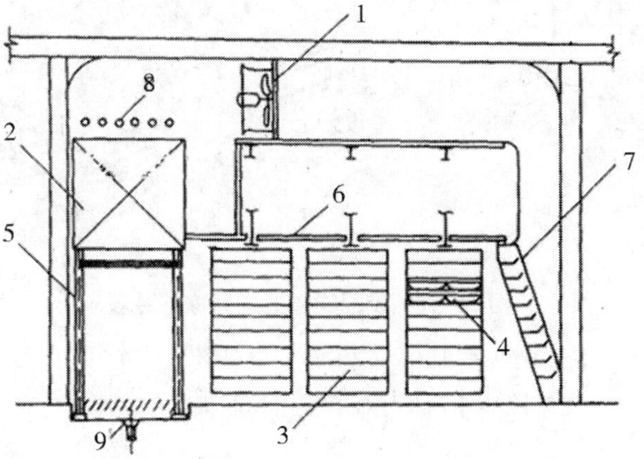

图 2－10 隧道式送风冻结装置

1. 通风机 2. 蒸发器 3. 鱼笼 4. 鱼盘 5. 支架
6. 吊棚 7. 导风板 8. 冲霜管 9. 冲霜排水管

隧道式吹风冻结装置中,通过提高风速,增大冻品表面的放热系数,可缩短冻结时间,提高冻品的质量。但是,当风速很高时,继续增大风速,冻结时间的变化却甚微。另外,目前我国冷冻厂以冻品无包装的大块鱼为主,在冻结过程中因蒸汽压不同,冻品表面的水分不断向空气中蒸发,引起冻品干耗、风速增高、干耗增大,所以,风速的选择应适当,一般控制在 3～5 米/秒。该冻结装置是间歇式操作,其优点是适用于不同形状的食品;由于冻品是在吊轨上传送,故劳动强度小,冻结速度较快。它的缺点是易产生冻结不均匀现象;产品的干耗量较大,电耗也大。

送风冻结装置及其外围护结构的制作与安装可以在制冷设备厂中完成,由液压传递机构完成鱼车的自动化进冻和出冻,组装的隧道式吹风冻结装置作为一种成套的冻结装置,可安装于室内,由于在工厂内按标准制作、风速的控制可得到一定改善,其冻结不均匀性得到改善,其余优、缺点与送风冻结装置相同。随道式送风冻结装置如图 2－11 所示。

(三)传送带式连续冻结装置

包括水平输送式连续冻结装置和螺旋带式连续冻结装置,水平输送式连续冻结装置如图 2－12 所示。

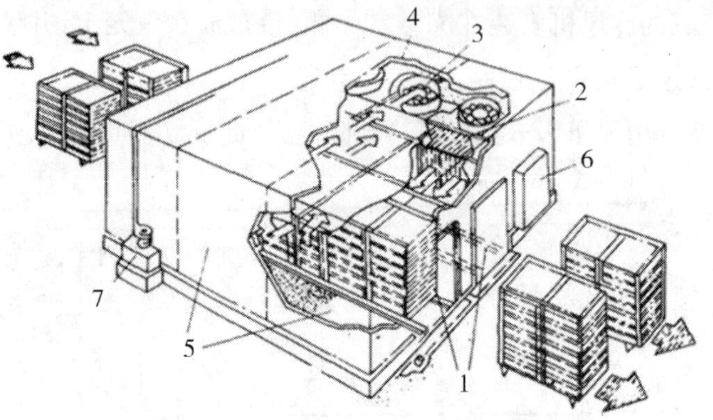

图 2－11　装配隧道式送风冻结装置

1. 鱼车轨道　2. 蒸发器　3. 风机　4. 钢架

5. 隔热外壳及地板　6. 电控制板　7. 液压泵

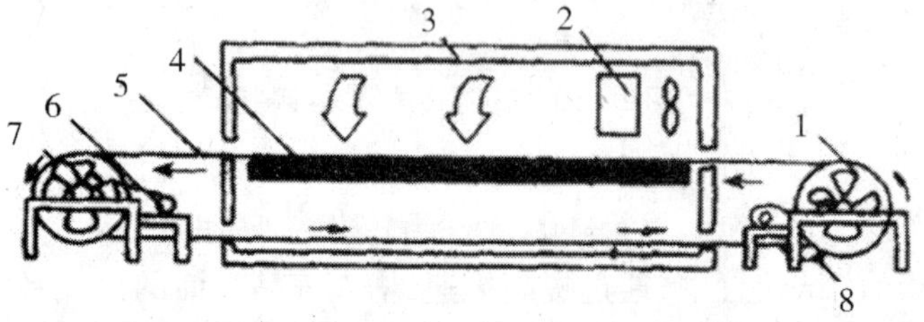

图 2－12　钢带传送式连续冻结装置

1. 从动轮　2. 冷风机　3. 隔热箱体　4. 蒸发器

5. 钢带　6. 调速机构　7. 主动轮　8. 清洗器

一般以不锈钢制成的网状传送带在－40～－35℃的冷风下移动，风的流向可与食品平行、垂直、顺向或逆向。传送带移动速度可根据冻结时间进行调节。蒸发器有融霜装置。有的传送带底部与一组冷冻板（蒸发器）相紧贴，冷风机在装置的上部。一般传送带下部的冷风温度为－40℃，上部冷风温度为－35℃，厚度 1.5 厘米的食品在 12 分钟内即可冻好，厚度为 4 厘米的食品冻结时间只需 41 分钟。螺旋带式连续冻结装置如图 2－13 所示。

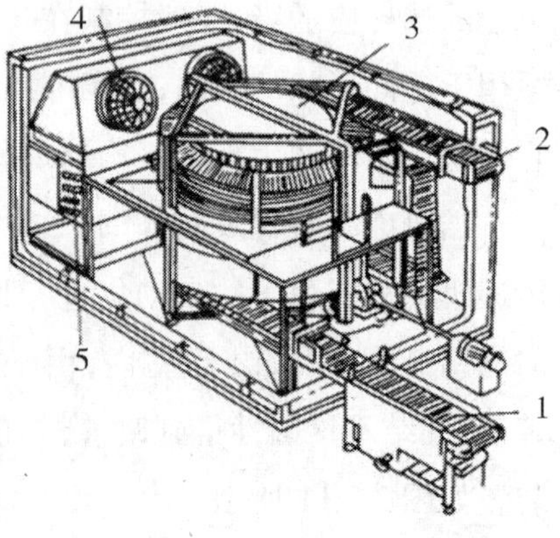

图 2－13　螺旋带式冻结装置

1. 进冻　2. 出冻　3. 转筒

4. 风机　5. 蒸发机组

中间是个转筒，传送带的一边紧靠在转筒上借摩擦力及传送带传动机构的动力，使传送带随着转筒一起运动。传送带是网状，冻品放在上面，带由下部进入，上部传出，而冷风则由上部吹入，下部排出。冷风与冻品呈逆向对流换热。厚 25 厘米的冻品 40 分钟能冻到－18℃。这种装置体积小，在同样传送带面积下仅为一般传送带装置所占面积的 25%，功效高，工人在常温下操作。但它在生产量小、间歇生产时耗电量大、成本高。

（四）流态化冻结装置

对于切成块的淡水鱼肉，食用时需一个个分开，如用盘装冻结，冻成一块，食用时分粒很麻烦，也影响冻品质量，所以，用于单体快速冻结的流态化冻结装置得到了广泛的应用。流态化冻结装置如图 2－14 所示。

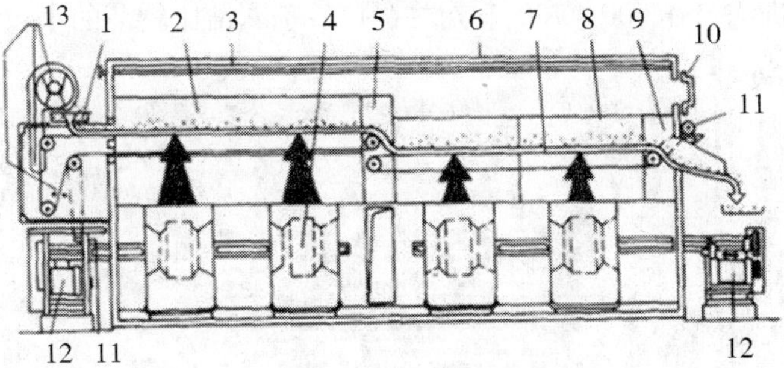

图 2－14　流态化冻结装置

1. 带分配器的进料斗　2. 原料　3. 蒸汽融箱管　4. 可变风速的离心机
5. 两个区域之间的转换台　6. 隔热层　7. 带有网孔的传送带　8. 网罩　9. 出料口
10. 冻结通道的窗口　11. 使传送带变形的齿轮　12. 电动机　13. 洗涤和干燥传送带的装置

通常由一个冻结隧道和一个多孔不锈钢网带组成。当被冻产品从进料口送入冻结器网带后，就会被自下往上的冷风吹起，在冷气流的包围下，互不粘连地进行单体快速冻结，然后靠风力自动地向前移动，从装置另一端的出口处流出。如果在装置的进料口加装振动器，对产品的流化作用更为有利。有的流态化冻结装置采用两段传送带，第一段传送带上，产品的外壳在很短的时间内先被冻结，这样冻品之间就不会相互粘连。到第二段传送带上，产品再在冷风下继续被冻结至终温，最终产品的中心部位温度为 －18℃。一般制冷剂的蒸发温度为 －40℃以下，风从传送带底部经网孔进入时速度很高，为 7～8 米/秒，把小颗粒食品吹起，形成悬浮状态进行冻结，食品间风速为 3.5～4.5 米/秒，5～10 分钟之内，冻品即可达到 －18℃。由于是单体快速冻结产品，其销售、食用都十分方便。

（五）接触式冻结法

以冷的液体（制冷剂或不冻液）流过中空的金属平板或金属夹套，产品直接与被冷却的金属表面接触而冻结，也称接触冻结。这种方式的冻结装置使用最广泛的是平板冻结装置，有卧式和立式两种；其次是回转式冻结装置，适宜于鱼片的单体快速冻结。

1. 平板冻结装置

平板冻结装置有两种形式，一种是将平板水平安装，构成一层层的搁架，称为卧式平板冻结装置（见图 2－15）。

机内叠放着金属制平板十余块，不能作前后左右的移动，平板和平板之间，可以借助螺旋或油泵的作用，作上下移动，根据需要彼此向上拉开至一定距离，也可以合叠一起。经包装好的块状鱼制品装入平板间，合紧使之紧密接触，所以传热快，冻结时间短。如蒸发温度在 $-28 \sim -33$℃时的冻结时间只需 3 小时左右，故冰晶细，组织破坏少，冻制品质量就好，而且不必在低温下操作。但进、出冻仍靠人力，冻结能力也小（一次进冻只在 600 ~ 700 千克左右），适于冻结比较薄的小包装鱼制品。

图 2－15　平板冻结装置

另一种是将平板以垂直方向安装，形成一系列箱状空格，称为立式平板冻结装置。立式平板冻结装置冻结时鱼散装倒入，不需要事前加以包装或装盘，广泛地应用于海上冻结整鱼，但对于水产冷冻食品则不太适用。

2. 回转式冻结装置

回转式冻结装置是一种新型的连续式接触冻结装置（见图 2－16）。需要冻结的水产品如鱼片、鱼丸等，一个个呈分开状态由进冻传送带被送至不锈钢转筒的冷表面上进行冻结。由于水产品是湿的，与转筒的冷表面一接触，立即黏在转筒表面，进料传送带再给水产品稍施以压力，使它与转筒冷表面接触得更好，并在转筒冷表面上急速冻结，转筒回转一次，水产品已冻结好，然后经刮刀将冻结好的水产品从转筒表面刮下，进入出冻传送带输送到镀冰衣和包装生产线上。

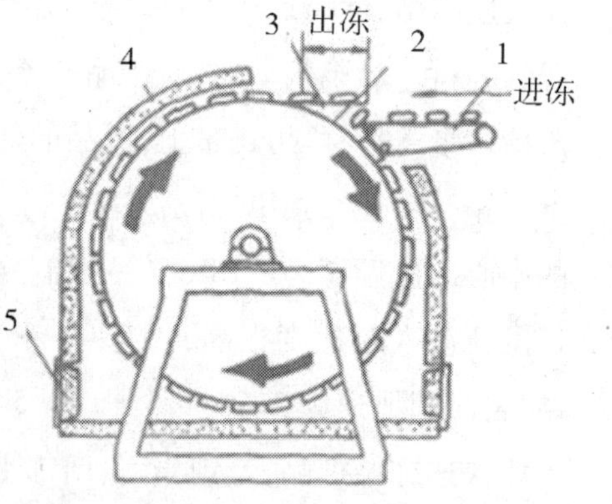

图 2－16　回转式冻结装置工作原理图

1. 进冻传送带　2. 转筒的冷表面

3. 出冻传送带　4. 隔热外壳　5. 小门

转筒由不锈钢制成，它具有二层壁，外壁即转筒的冷表面，它与内壁之间组成的空间可供制冷剂直接蒸发进行制冷，制冷剂从中间有孔的圆筒转动轴中输入，在两层壁的空间内作螺旋状运动，蒸发后的气体从转轴排出。

（六）直接冻结法

应用冷的液体（如冷却的盐水、丙二醇或液态氮、二氧化碳）喷淋产品或将产品浸渍在冷的液体中而冻结,这种方式的传热系数大,冻结速度快。

1. 浸渍冻结装置

浸渍冻结装置是将物品直接和温度很低的冷媒接触,从而实现快速冻结的一种装置(见图 2-17)。

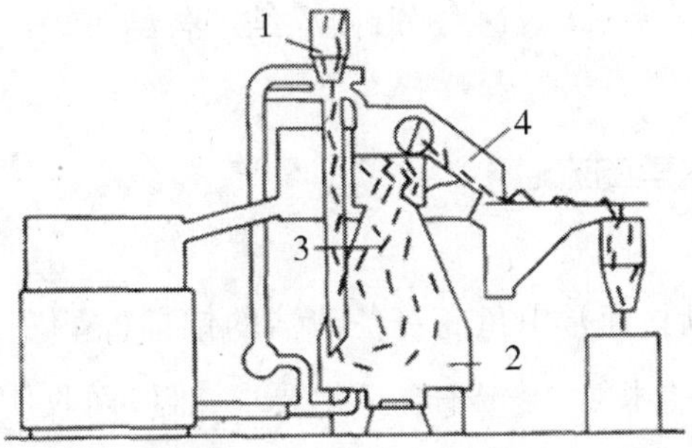

图 2-17　浸渍冻结装置

1. 注入器　2. 冻结容器　3. 鱼　4. 取鱼器

用盐水作冷媒的工艺流程:鱼在进料口与从泵来的冷盐水一起经进料管进入冻结器的底部,经冻结后,鱼体比重减轻而上浮,随盐水的水流流到冻结器上部,由出料机构将鱼送至滑道,在这里鱼和盐水分离,冻好的鱼进入出料口,完成冻结过程。

盐水流程:由盐水蒸发器制得的冷盐水经盐水泵输送至进料口,经进料管进入冻结器。鱼冻结后,盐水升温,出冻结器上部溢出,经滑道分离鱼后,盐水进入除鳞器,除去鳞片等杂物的水进入盐水蒸发器,再经冷却,如此反复循环。

2. 液化气体喷淋冻结装置

液化气体喷淋冻结装置是将鱼制品直接与喷淋的液化气体接触而冻结的装置。常用的液化气体有液氮和液体二氧化碳,图 2-18 为液氮喷淋冻结装置。

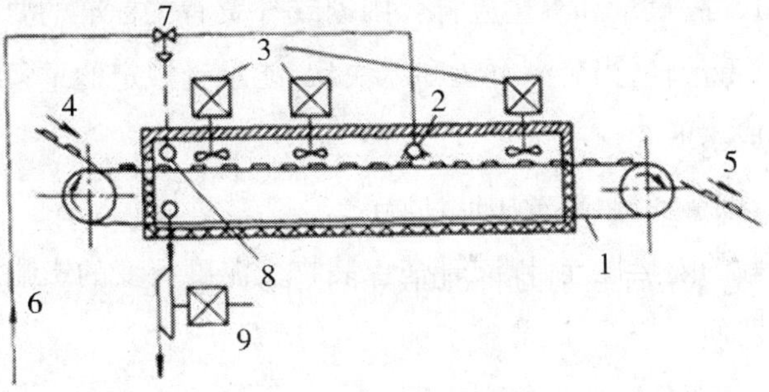

图 2-18　液氮喷淋冻结装置

1. 传送带　2. 喷头　3. 风机　4. 进料　5. 出料
6. 供液氮管线　7. 调节阀　8. 感温器　9. 氮气排出

装置外形呈隧道状,中间是不锈钢丝制的网状传送带,水产品置于带上,随带移动。箱体以泡沫塑料隔热,传送带隧道内依次经过预冷区、冻结区、均温区,冻结完成后到出口处。液氮贮于室外，以0.35兆帕的压力引入冻结区进行喷淋冻结，吸热汽化后的氮气温度仍很低，为－5～－10℃，由搅拌风机送到进料门，冷却刚进入隧道的水产品，此即顶冷区，水产品由预冷区进入冻结区，即与喷淋的－196℃液氮接触，水产品即被冻结。因为时间短，水产品表面与中心的瞬时温差很大，为使食品温度分布均匀，由冻结区进入均温区数分钟，冻结即告结束。

二、新鲜大宗淡水鱼的流通

新鲜淡水鱼上岸后，通常由鱼商自备清洁的铝桶（箱）盛装鱼类，从口岸发送鱼类。原来采用可回收的木箱，由于不合卫生要求，难以回收使用，以及运输成本高等缺点而日益减少，甚至在国外已经不采用木箱装运鱼类，而代之以轻便型的不回收的容器，如铝箱、高密度聚乙烯和发泡聚苯乙烯塑料箱等容器装运鱼类，有的也采用聚乙烯涂塑的卡板纸箱装运。此外，上岸后的新鲜淡水鱼有的未经过包装就直接发货，有的则用冰冷冻保鲜，发运各地销售，运输主要依靠铁路和公路。多数的货车是隔热和气密的，最好的货车安装有8～12毫米厚的隔热层（泡沫塑料）。冷藏鱼类货车的隔热层厚度可达10～15毫米，同时应设有制冷装置，有的采用干冰（固体二氧化碳）作为预冷和运输时的冷冻剂。

（一）生鲜鱼类对装运容器的要求

到目前为止，鲜鱼的装运容器尚未能满足鲜鱼的全部防护要求和标准化规定的要求，更理想的装运容器尚处于改进和开发之中，新鲜鱼类回收使用的装运容器必须满足下列各项要求：

（1）容器的尺寸、重量和容量应符合国家或外贸有关标准的要求。

（2）强度高，重量轻，当装满鲜鱼和冰块后，能承受规定的重量，搬运方便。

（3）容器的成本低。

（4）比重小，重量轻，运输费用低。

（5）具有良好的隔热性能，以减轻被包装物受温度突变的影响。

（6）空的容器便于套叠，以节省空间，节约运费。

（7）便于堆码，而且堆叠后稳固不倒。

（8）容器顶盖应开有排水槽，以便及时排除箱中流出的融化水、鱼血和黏液等液体。

（9）便于叉车搬运和托盘装运。

（10）容器表面卫生，干净平整，不得有大的缝隙和凸边，以免集聚灰尘和污垢，而且要便于清洗和消除污染。

(11)容器本身的重量稳定,不论是湿的或是干的,重量应该相同。

(12)搬运时尽量不引起噪音。

(13)如果损伤,应容易修复。

(14)具有适当的容量。

(15)容器的底部应有底脚,避免容器直接接触地面,受到高温和地面的污染。

(16)容器侧面的表面结构应能防止在冷冻温度下相邻容器互相粘连,难以分开。

虽然,容器的材料、尺寸和卫生条件尚未达到标准化,但根据实际应用经验,对于装运鲜鱼的容器,除上述要求外,还提出以下具体建议:

(1)鱼箱的深度不宜大于30.5厘米,以免将底层鲜鱼压坏。

(2)鲜鱼和冰的容量比例不应大于3:1。

(3)鱼箱和鱼的总重量不应超过68千克,便于两人搬运连续作业。

(4)鱼箱的外形最好是长方形的,而且侧面尽量减少凸出的法兰和翻边。堆码时稳固牢靠,当运输车辆激烈摇晃时也不会倒垛。

(5)鱼箱的材料强度应能承受16层鱼箱的堆码压力,虽受强烈振动也不损坏。

早期,散装的冰镇鲜鱼是采用木箱由铁路运输的,近年来逐渐采用较轻便的包装容器,甚至为了缩短运输时间,鲜鱼也有空运的,不过运费很高。防潮纸箱比木箱还轻,便于印刷,成本也低,具有足够的耐湿强度,而且隔热性能好,已广泛用作鲜鱼的运输包装。多数的防潮纸箱都经过涂蜡和防漏处理,为了进一步改善其防护性能,箱内可衬垫一层隔热材料,如聚苯乙烯泡沫塑料板,如果流通环境的温度很低,则可免用隔热(保温)层。隔热性能良好的纸箱,所消耗的冰块也较少。根据季节和运输距离的远近不同,可采用不同结构的防潮纸箱。

其他形式的鱼箱是整体式的聚苯乙烯泡沫塑料箱,箱体更轻,具有优异的隔热性能,有的结构采取滑动式盖子,以及各种不同的封盖结构。

(二)生鲜鱼类的装运容器

目前用作鱼箱的材料主要有木材、铝合金、塑料、粗纤维板,这四类容器是多次性使用的。

1. 木箱

当前采用的木箱是由软木板钉制而成的,板材厚度一般在12.7~15.8毫米。木箱侧面有横档,箱底有二、三根垫木,以增强木箱的强度并防止木箱底部直接接触地板。木板表面一般不经过精刨加工,比较粗糙,为了加固,有的在箱端用铁丝或门形钉锁住。箱的两头端板开孔或钉上木块,以便手提搬运。自50年代以后,由于木箱作为鱼类产品周转装运容器存在着一些缺点,已逐渐被其他材料所代替。木箱的优点有：

（1）成本较低，便于修复。

（2）可在码头附近加工制造，节省运费，临时急需，随时可以大量供应等。

其缺点有：

（1）滚洗困难，气味不好，使用寿命短，需要经常性的维修。

（2）容易吸水，寄生细菌，或增加木箱重量，浪费人力搬运，并容易造成重量误差，容易刮伤人体。

（3）木箱装满鱼并堆码后，上层木箱的鱼汁、鱼血和黏液流淌到下层木箱中去，使下层木箱中的产品受到污染；空箱不便套叠，周转使用浪费运费等。

2. 铝合金鱼箱

通常采用耐盐水腐蚀的铝合金制造，有的是冲压加工，有的是由单片组合。组合式鱼箱有用焊接工艺的，也有的是铆接组合。铆接结构由于缝隙较多而容易积蓄灰尘污物；箱板有凸肋，以提高刚度和抗弯强度；顶部边缘采取翻边结构，以提高强度，且便于堆叠；箱底可以是平板或是瓦楞结构，并设有排水槽。这种铝合金鱼箱，空箱可以套叠，节省空间，一般的使用寿命可达 8 ~ 10 年。铝箱的优点有：

（1）从使用寿命核算，成本并不算高。

（2）便于焊接修复和清洗，没有异味。

（3）作为食品包装容器，美观干净。

（4）铝箱装满鱼后，堆码稳当。

（5）轻巧，搬运方便。

（6）重量稳定不变等。

其缺点有：

（1）如果清洗不当，容易腐蚀并隐藏细菌。

（2）搬动时噪音太大，特别是空箱互相碰撞，噪音更大。

（3）隔热性能差，容易将外界的高温导给鱼产品，加速其腐变速度。

（4）如果搬运不细心，猛烈冲击时，易从边角处开裂等。

3. 塑料鱼箱

当前应用的塑料鱼箱多数是由高密度聚乙烯塑料注塑成型制成的，因为高密度聚乙烯塑料的低温冲击韧性比聚丙烯的好，也具有足够的刚度。塑料鱼箱的生产主要受到注塑模具成本的限制，除非产量很大，否则因模具投资太大而不好轻易改型。塑料鱼箱的优点有：

（1）如果生产批量很大，成本并不太高，而且使用寿命一般可达 6 ~ 7 年。

（2）便于清洗，无异味。

(3)重量轻,便于搬运。

(4)不吸水,重量稳定。

(5)装满产品时堆叠稳当,空箱可以套叠,节省空间。

(6)隔热性能优于铝箱。

(7)便于设置排水槽。

(8)底部可直接同时制出底脚或横条,便于叉车搬运和安装托盘运输。

(9)搬动时噪音很小。

(10)能适应 -40℃低温冷藏而不脆裂。

塑料鱼箱的缺点有:

(1)如果清洗不当,白色塑料鱼箱会逐渐变黄,影响外观,所以,可加入适当的颜料。

(2)粗鲁装卸时,边角容易开裂,而且表面容易刮伤。

(3)如果少量生产,则成本较高。

4. 纤维板箱

纤维板箱由硬质纤维板制成,板的两面复合以牛皮纸,牛皮纸是与聚乙烯薄膜复合的,以改善其防水性能。纤维板芯部也含有憎水剂(或疏水剂),因此吸水率很低。板的厚度依箱的大小而异,小箱的板厚约为 2 毫米,大箱的板厚为 2.16 毫米,箱底开有排水孔。装满产品后,箱子的腰部用捆扎带捆扎,多数纤维板箱的外面和内表面衬垫一层涂塑的牛皮纸。为提高纤维板箱的防水性能,纤维板事先经过聚乙烯涂塑或涂蜡处理,印刷应在涂塑之前进行。

纤维板箱有时采用瓦楞纤维板制成,同样也是防水的。不论何种类型的纤维板箱,都应严格控制质量,通常是按照纸制品的检测方法进行控制,例如,纤维板浸水一昼夜以后进行缪仑强度等指标的测定。

包装熏制鱼产品用的纤维板箱可无须要求高度的防水性能,产品事先用羊皮纸或聚乙烯薄膜裹包,然后装箱,足以达到防潮和防油效果。有的纤维板箱,既可用以包装冷冻鱼类,也可用来包装熏制鱼产品,聚乙烯涂塑的纤维板箱,在国外应用比较广泛。

上述鲜鱼装运容器多数属于多次性使用,其使用寿命达 5 ~ 10 年不等。这类容器适用于铁路运输和公路运输。有的为了避免鱼汁和冰水的污染而采用一次性包装容器,不再回收使用。德国“Flechtenmacher”采用一种外包装可反复使用而内包装是一次性的鲜鱼包装结构,内包装不漏水,可以包含融化的冰水和鱼汁,或者在内包装容器底部衬垫吸水衬片材料(纤维质或泡沫塑料,以吸收冰水和鱼汁)。

目前,有些国家正在试验并开发新型的一次性包装容器,主要有以下几种类型:

(1)聚苯乙烯泡沫塑料箱,箱内用木架增强,鲜鱼和冰块放在木架上,融化的冰水和鱼汁沿木架四边的缺口流到箱底(贮存在箱底),不至于污染鲜鱼。箱的外部尺寸为600×400×480毫米,容积为52升,底部能容纳12.5升融化的冰水,泡沫塑料板的厚度为25毫米。

(2)聚苯乙烯泡沫塑料箱,外面套一层纸箱,用以保护泡沫塑料箱在运输中免于破损,箱中不带木架。有时为了增强纸箱,可在纸箱与塑料箱之间衬垫木架。

(3)防水可折叠纸箱,箱板中夹一层聚酯泡沫塑料或纤维质材料。箱内底部有一木格架,既可提高纸箱的强度,又可增加箱子的承载能力。同时,木格架还能透过冰水和鱼汁。这种箱的外部尺寸为600×400×350毫米。箱板的厚度为2.5毫米和4毫米两种。

(4)外层是轻型的塑料箱,里面套一层聚苯乙烯泡沫塑料箱,泡沫塑料箱底有漏水孔,使融化的冰水和鱼汁流到箱底。而且,漏水孔设有活门,防止在搬运时塑料箱倾斜,底部的血水倒流到上部,造成污染,箱子外面用两道腰子捆扎。箱子外部尺寸为640×350×390毫米,容积为43升,底部可容纳14升冰水,泡沫塑料板厚度为20~25毫米。这种箱子的成本较高,适用于名贵鱼类的空运包装。

(5)底、盖结构相同的聚苯乙烯泡沫塑料箱,用于装运预包装的新鲜鱼类,从鱼类加工厂运往超级市场。鲜鱼采用聚苯乙烯小盘包装,再用热收缩薄膜裹包,或连同鲜鱼和小盘一起装入小塑料袋。每件小包装重量为226~340克,每箱可容纳40件。箱盖和底的内部分别固定安放两袋(聚乙烯塑料袋)冰块。冰块重量与鱼的重量相当,这种塑料箱已在英国普遍应用。

第三章 大宗淡水鱼冻藏制品的工业化加工技术

第一节 冻藏加工原理

随着生活水平的提高，人们越来越关注营养成分(蛋白质、维生素、碳水化合物等)的合理摄入，鱼作为蛋白质的重要来源备受消费者喜爱。由于鱼肉中富含油脂、蛋白质等成分，贮藏不当或受加工区域、地理位置、市场供求等因素的影响，宰杀后的鱼肉及其制品(鱼糜、鱼丸等)需要进行快速冻藏(-18℃)来控制微生物的生长、抑制化学反应和酶反应，达到保鲜的目的。因此，冻藏技术在鱼肉及其制品储运、销售及消费中显得尤为重要。

一、冻藏技术原理

鱼肉及其制品的腐败变质主要是由于产品中的微生物的生命活动和鱼体内酶的生物化学反应所造成的。宰杀后的鱼的细胞已死亡，不能控制引起鱼肉变质的酶的作用，也不能抵御引起腐败的微生物的作用，因此，对细菌的抵抗力差，鱼肉一旦染上细菌就很容易腐败。但微生物的繁殖和酶的作用都需要有适宜的温度和水分条件，环境不适宜，微生物就会停止繁殖甚至死亡，酶也会丧失催化活性甚至被破坏。另外，氧化等反应的速度也与温度有关，温度降低，化学反应速度显著减慢，如果将鱼肉及其制品放在低温（-18℃以下）条件下冷冻贮藏，微生物和酶的作用就变得很微小。冻藏能使微生物丧失活力而不能繁殖，抑制酶的反应，降低化学变化速度，因此，它可作为鱼肉及其制品较长时间贮藏的方法。

二、冻藏技术特点及其效果影响因素

冻藏的技术特点主要包括：相对于干法储藏冻藏能较好的还原产品的原状；相对于化学储藏，冻藏具有绿色、无试剂残留的优点；相对于生物化学法，冻藏能保留鱼肉及其制品的固有营养成分；相对于罐藏，冻藏不经高温处理保持了产品原有品质。可见，冻藏技术是对鱼肉及其制品品质影响最小，且安全性高的保藏方法，但也存在耗电量大、冻藏环境要求高等缺点。

影响鱼肉及其制品冻藏效果的因素主要有：制品的种类及冷却方法；加工时微生物去除的程度及酶失活的程度；加工及包装时的卫生控制状况；包装的阻隔能力；储运及零售时的温度状况；冻藏条件（环境温度、相对湿度等）等。

第二节　大宗淡水鱼冻藏工艺

鱼类宰杀后或新鲜鱼肉制品应及时进行冻结、冷藏，冻结前鱼肉质量的优劣对冻藏时间即冻品货架期的影响十分重要。由于鱼肉产品种类繁多，包括整条鱼、鱼片、鱼段、鱼糜制品等，其冻藏加工工艺流程各有其特点，但也存在许多共同的方面，下面介绍一下冻藏整条鱼的冷冻加工工艺流程：

新鲜原料鱼→清洗→放血、去鳞、去腮、去内脏→清洗→分级→过秤→摆盘→冻结→脱盘→包冰衣和包装→冻藏

整个工艺流程中的每个操作环节都会对冻鱼成品的质量产生影响，一般把原料鱼从捕捞后至冻结前的一系列加工处理过程称为冻前处理或预处理，从鱼品冻结后到进库冻藏前的一系列处理过程称为冻后处理或后处理。

一、冻前处理

冻前处理必须在低温、清洁的环境下迅速、妥善地进行，不同鱼产品的冻前处理不同。一般前处理包括原料鱼捕获后的清洗、分类、冷却保存、速杀、放血、去腮、去鳞、去内脏、漂洗、切割、挑选分级、过秤、装盘等操作。对一些鱼产品加工还必须去头、去内脏、去尾“三去”或“四去”（加上去鳞）加工处理。对淡水鱼的前处理应迅速、细心，这是因为在同样的冷却温度下淡水鱼的品质下降较快，而且淡水鱼体内的胆囊薄而大，运输过程中的重放、挤压、长时间放置、活鱼死亡前的剧烈挣扎等因素都可使胆汁渗出，造成印胆，使周围鱼肉发苦，呈黄绿色。

有些鱼肉及其制品若不经过特殊处理就进行冻结、冻藏和解冻，其品质将显著降低。为防止品质降低，需进行适当的预处理，主要包括：盐水处理、加盐处理、加糖处理、脱水处理等等。应根据不同的鱼产品合理选用相应的预处理方式，在符合国家食品卫生标准前提下提高冻鱼成品的质量。

多脂鱼类肌肉组织中的脂肪和脂类化合物含较多不饱和脂肪酸，易于氧化酸败，造成变色变味，必须采取一些保护措施，如采用适当的包装材料包装或向鱼产品中加入适量的食品添加剂。

原料鱼经过一系列处理加工工序后，按照鱼肉及其制品的新鲜度和一定的商品规格标准进行分级，然后过秤，过秤时要注意加上适量的让水量，约为鱼品质量的2% ~5%，这是因为鱼产品在冻结和冷藏时存在着干耗，加上适量的让水量，可以保证鱼产品解冻后的净重符合规定的要求。

鱼产品过秤后立即摆盘。摆盘是冻结前最后一道工序，其目的是使冻块平整，外观形状良好，方便包装和贮运，同时保证每盘中鱼产品质量和大小均匀一致，摆布整齐均匀，使鱼产品各部分冻结也均匀，缩短冻结时间，减少损耗。

（一）摆盘方式

鱼产品种类繁多，摆盘方式要求不尽相同，不同产地的同一品种，其摆盘方式也不相同，总的原则是整齐、美观、均匀、便于包装。

（二）摆盘要求

（1）冻结鱼盘要符合一定规格大小，使用前必须冲洗干净，进行消毒处理，防止细菌污染，并保证冻结鱼块不变形、盘底平整、无积水。

（2）各种鱼产品要按照各自的商品标准方式摆盘，摆盘要整齐、均匀。

（3）在摆盘过程中要轻拿轻放、快速，不要损伤鱼表皮或鱼体，剔除不符合品质要求的鱼产品。未洗净的要放15℃以下的饮用水中漂洗干净再装盘，并在冻结鱼盘底部和表面各放一枚标签，标明产品名称、等级、生产日期和厂家。

(4)摆盘后，盘面要平整，形状要美观，鱼肉和鱼制品不得超出冻结鱼盘的边沿，表面不得凹凸不平。盘底如积有血水，必须一手按住鱼体，一手将鱼盘倾斜，将血水倒出。

(5)摆好盘后，应立即进行冻结或送到冻结准备间低温(0℃左右)暂存一段时间，在搬运过程中要轻拿轻放，防止冻结鱼盘倾斜、滑倒或上下盘挤压，损伤鱼体。

二、冻结

(一)冻结的原理

水被冻结成冰后，鱼肉及其制品内约有90%的液体成分变成了固体。随着水分活度的降低，微生物本身也产生生理干燥，造成不良的渗透条件，使微生物无法利用周围的营养物质，也无法排出代谢产物，另外，大多数化学反应及生物化学反应不能进行或不易进行，因此，要想水产品保鲜较长时间，需采用冻结的方法。冻结就是把鱼肉及其制品的温度降到其冰点以下，温度越低可贮藏的时间就越长，-18℃可贮藏2~3个月，-30~-25℃可贮藏1年。当然这还与原料的新鲜度、冻结方式、冻结速度、冻藏条件等有关。

(二)产生冰结晶的条件

鱼肉及其制品的水分都溶解了一些无机盐、水溶性蛋白和低分子有机物，是一个胶体体系。当温度降低到水的冰点时，水分不可能转变成冰结晶，必须使液体温度进一步降低，即处于过冷状态。过冷温度的高低因各种物料而不同，一般在-4~-2℃，在过冷温度下液体的局部密度发生变化，才有可能形成新的相。新相出现时往往是不稳定的，只有当温度降低到一定程度，水分子的热运动进一步减弱，才能形成稳定的晶核，溶液形成稳定晶核的温度称为过冷临界温度。冰晶在逐渐长大的过程中释放出相变热，使水溶液的温度回升到冰点，其后随着温度的下降，冰晶不断析出，水溶液的浓度不断增加，冻结点不断下降。只有当温度降低到共晶点时，冻品中的水分才能全部结冰。大多数生鲜水产品的共晶点在-65~-55℃，所以在-23~-18℃下冻结时，其中的水分不会完全结成冰。

鱼肉在冻结时，肌肉细胞内部的汁液和细胞间隙中的水分形成晶核，但后者形成晶核的速度更快些。晶核逐渐长大成冰晶体，随后冰晶体附近的溶液浓度增加并受到细胞内汁液所形成的渗透压差的推动，以及冰晶体对细胞的挤压，致使细胞内的水分不断地向细胞外扩散，并聚集在冰晶体周围。另外还有多种因素促使细胞间隙内的冰晶不断增长，直至它的温度下降到足以使细胞内部所有的汁液转化成冰晶体为止。

(三)冻结过程中鱼肉及其制品内部的温度分布

冻结过程是物体的不稳态导热过程,鱼肉及其制品内部的温度分布既是坐标(位置)的函数,也是时间的函数。同一时刻,不同坐标处有不同的温度,表面温度最低,中心温度最高,同一坐标处,不同时刻的温度也不相同,持续时间越长,温度越低,越是接近冷却介质的温度。当冻结时间充分长时,鱼肉及其制品内部各点的温度都趋近于冷却介质的温度,因此,冻结的极限温度是冷却介质的温度。在通常的冻结中不可能达到这种极限温度,在冻结过程结束时,鱼肉及其制品内部的温度不相同,温度分布也不均匀。

在计算冻结过程中的热量时,一般均以冻结的最终温度计算,但冻结后,在鱼肉及其制品的中心、表面及所有各点上的最终温度仍然是有差别的。如果冻结产品处于不与外界进行热交换的条件下,即把它置于隔热状态下,经过较长时间后,由于产品内部导热的结果,各部位温度将趋于一致

(四)冻结速度

冻结速度根据时间和距离划分为两种表达方式。

1. 用冻结时间表示冻结速度

产品的中心温度从 -1℃降到 -5℃,通过最大冰结晶生成带所需要的时间称为冻结速度,一般分为三种:

(1)在 3 ~20 分钟或 30 分钟内使中心温度由 -1℃降到 -5℃称为快速冻结,这种冻结速度形成的冰结晶对产品组织结构的影响最小。

(2)在 20 分钟或 30 分钟 ~120 分钟内使中心温度由 -1℃降到 -5℃称为中速冻结。

(3)超过 120 分钟使中心温度由 -1℃降到 -5℃称为慢速冻结。

2. 用结冰面的移动速度表示冻结速度

在冻结过程中,结冰面从产品表面逐渐向中心移动,移动速度的快慢可以表示冻结速度的快慢。这种表示方法是德国学者普朗克提出的,他提出,食品的温度为 -5℃的结冰面在 1 小时内从表面向中心移动的距离称为冻结速度,其单位为厘米/小时。普朗克将冻结速度划分为三类:冻结速度 =0.1 ~1 厘米/小时,为缓慢冻结;冻结速度 >1 ~5 厘米/小时,为中速冻结;冻结速度 >5 ~20 厘米/小时,为快速冻结。

目前,冻结装置的冻结速度大致为:半通风式冻结装置:0.2 厘米/小时;通风式冻结装置:0.5 ~3 厘米/小时;流态式冻结装置:5 ~10 厘米/小时;液氮冻结装置:10 ~100 厘米/小时。

（五）冻结速度对产品质量的影响

在冻结过程中，产品组织内的水分发生相变而形成冰结晶。冰结晶的大小与分布情况对质量有很大影响，较大的冰结晶能使细胞结构遭到破坏，在解冻后不能回到最初的新鲜状态，使汁液流失较大，质量下降。细小的冰结晶则不会使细胞结构遭到破坏，在解冻后能恢复到冻结前的状态，达到最大的可逆性，质量良好。

1. 慢速冻结对产品质量的影响

在慢速冻结初期，首先在水溶液浓度低的细胞外间隙中生成冰结晶核，随着冻结时间的延长，水分子逐渐聚集在结晶核的周围组成冰结晶，此时，细胞内的水溶液因浓度高而尚未结晶但处于过冷状态。因水的饱和压力比冰大，细胞中的水分发生渗透作用，另外，机体死后，细胞膜的透过性增大，易使水分或以水蒸气状态透过细胞膜扩散至细胞外，致使大部分水分冻结于细胞间隙中形成较大的柱状冰结晶。当细胞内的水分开始结冰晶时，溶解在细胞内的气体就会游离出来，使体积增加上百倍，压力增大，这不仅加速了细胞内水分推向细胞外，而且加大了产品组织的压力。另外，慢速冻结初期的冰结晶是不稳定状态，在继续冻结降温中会产生冰结晶的再结晶现象，即冻结初期形成的冰晶因不稳定，周围热量较高而融化消失，当温度低于冰点时又结冰，冰结晶体渐渐长成大型冰结晶，其最大的冰结晶直径可达500～900微米。当水转变成冰时，体积增长大约9%～10%，也增加了食品组织内部的挤压力。上述现象统称为冻结膨胀。它能导致细胞之间的结合面被拉开，细胞受挤压变形，细胞膜破裂，组织变形等机械性损伤。在冻结时失去的水分在解冻后难于再回入原有细胞组织内，汁液流失较多的现象叫做脱水损害。所以冻结速度越慢，所形成的冰结晶越大，解冻时细胞破裂越多，汁液流失越多，营养成分的损失就多，对产品的质量影响就越大。

2. 快速冻结对产品质量的影响

在快速冻结时，由于散热作用很强，冰结晶形成的速度大于水和水蒸气的渗透、扩散速度，因而使细胞内、外的水分同时达到冰结晶温度，在原地形成分布均匀、细小的针状冰结晶。这可大大减弱或基本避免因结冰引起的冻结膨胀、机械损伤、脱水损害等质量问题，且在解冻后恢复冻结前的状态时可获得最大可逆性，因而能最大限度地保持鱼肉及其制品原有的营养成分及色、香、味等品质。

（六）冻结速度与产品质量的关系

1. 冻结速度与冰结晶的关系

冻结速度慢，冰晶大部分在细胞间形成，且冰晶颗粒大，容易损伤细胞膜，解冻时有大量的汁液外流，因此，冻结速度快可以较好地保存鱼肉及其制品的质量和营养成分。

2. 冻结速度与蛋白质的变性

肌肉蛋白质，尤其是鱼肉肌球蛋白在 -3 ~ 2℃温度范围内变性速度最快，恰好处于最大冰结晶生成带内，快速冻结时，在此温度范围内停留时间很短，肌球蛋白的变性程度较轻。

3. 冻结速度与淀粉老化

对 α-淀粉来说，发生变化最快的温度区间为 -1 ~ 1℃，在 -5 ~ -1℃的温度范围，其速度仍然很快。因此，对于含有 α-淀粉的烹调冷冻鱼制品来说，快速冻结也是很重要的。

4. 冻结速度与产品的膨胀压力

水变成冰时，体积大约增大 9%。结冰后，继续将冰的温度降低，冰的体积将收缩。温度每降低 1℃，冰的体积收缩率只有二万分之一到万分之一。因此，即使把冰的温度降至 -20℃或 -30℃，冰的体积的冷却收缩仍可忽略不计，其体积仍然比水大。由于这种原因，冻结时，体积总是增大。当体积增大受到限制时，就会在产品内部形成一定的冻结膨胀压力。产品越厚（或越粗），含水量越多，冻结时的膨胀压力就越大，会引起细胞结构的损伤。尺寸越大，冻结速度越快，产品内外层的温度差越大，内部的膨胀压就越大。用液氮冻结鱼肉及其制品时，发生龟裂就是由膨胀压引起的。因此，冻结速度过快也有不利的一面。此外，冻结时，原先溶解于液汁中的气体在结冰时从液汁中逸出，气体的容积增大数百倍，也会引起膨胀压力。

5. 冻结速度与微生物和酶

冻结速度快，可以使产品中的微生物和酶的作用受到抑制，有利于保存鱼肉及其制品的质量。

（七）冻结方法

冻结的方法有以下几种：

1. 空气冻结法

将水产品放置于 -30 ~ -25℃的静止空气中进行冻结，吸热是靠在库房顶部的冷媒排管蒸发器。因为是以空气作为传热介质，且空气流动性又差，故这种方法冻结速度慢，冻品的质量差，现使用很少。

2. 鼓风冻结法

在空气冻结法的基础上，加鼓风机强行使空气对流，使库房内空气速度达 3 ~ 5 米/秒，这样可大大缩短冻结时间。但缺点是冻品表面容易干耗，且操作的劳动强度较大，现在只在一些小型冷库中有使用。

3. 隧道式送风冻结

这是目前冻结使用最多的方法之一，冻品由机械化程度较高的小车或吊车运送进出隧道式冻结库房。冻结时,风机使空气强制流动,冷空气流经鱼盘吸收鱼品的热量,吸热后由风机吸入蒸发器冷却降温,如此反复,不断循环,提高风速可增大鱼品表面的热交换系数,缩短冻结时间。与鼓风式一样,它也会引起冻品表面的干耗和冻结的不均匀。

4. 连续式吹风冻结

连续吹风冻结方式是近10年来的一种新型方法,它以连续式输送带传输冻品,冻品多是个体较小的包装或单体鱼类原料,再细分的话还有螺旋带式连续冻结装置、水平输送式连续冻结装置等。这种方式的特点是冻品在库房中的路程长且回转多,因此,可获得均匀的冻结效果,并且操作简便,劳动强度相对较小。

5. 接触式冻结法

接触式冻结法主要包括平板立式冻结装置和平板卧式冻结装置,是目前应用最为广泛的冻结方法之一。

平板立式冻结装置是将平板以垂直方向安装,将鱼品放置在平板之间,平板之间的距离可由机械传动装置来调节,使鱼品与平板接触紧密。平板是空心的,制冷剂或冷却的盐水等不冻液可在其内流动,热交换效果好,能使鱼体迅速降温。平板立式冻结的优点是鱼可以散装冻结,不需要事先加以包装或装盘,缺点是冻品未经整理显得有些凌乱。

平板卧式冻结装置是将平板以水平方向安装,将鱼品放置在平板之上,装完鱼品后液压系统移动平板开始冻结。其优点是可以冻结鱼片等小型水产品外观形状整齐有条理性,其不足之处是对厚度有一定的限制,一旦上层平板与鱼品接触不良,则形成单面冻结,造成冻结时间过长。

6. 钢带连续式冻结法

冻结装置的热交换方式是以产品与钢带的接触式传热为主,空气鼓风式传热为辅。钢带采用不锈钢材料,在连续冻结换热过程中,钢带的下面与蒸发器接触并被冷却,产品被冻结的速度很快。

7. 盐水浸渍冻结

用冷媒将氯化钠、氯化钙、丙二醇等的浓溶液冷却后,将水产品浸入进行冻结的方法称为盐水浸渍冻结。具体操作是将鱼浸在上述已降温至 -18℃的盐水中,待鱼体中心温度降至 -15℃时冻结完毕,最后将鱼移出,迅速用清水淋洗。其优点是冻结速度快,缺点是容易损伤鱼的皮肤、鳞片,外观不好,鱼肉略偏咸,另外,盐水对设备的腐蚀相当严重,现在应用得很少。

8. 液化气体冻结法

将液体氮或二氧化碳喷射于产品上可获得快速冻结,也可以将产品直接浸入液化气体中。用液化气体冻结产品有以下几个特点：

(1)冻结速度快，用液氮比平板冻结快5～6倍，比空气冻结快20～30倍。

(2)冻品质量好，由于冻结速度快，产生的冰晶小，对细胞的破坏很轻微，解冻汁液流失少、干耗小。

(3)抗氧化，氮气可隔绝空气中的氧，不易使冻品氧化。

(4)设备简单，投资少。

(5)大个体冻品容易产生龟裂，这是由于内外瞬间温差太大造成的。

(6)冷媒回收很困难，所以成本相对很高，只适宜冻结高档水产品。

三、冻后处理

冻后处理主要指鱼品冻结后所进行的脱盘、镀冰衣和包装等操作工序。冻后处理也必须在低温、清洁的环境下迅速仔细地进行，它直接影响到冻品的质量，尤其是镀冰衣。冻结水产品的表面保护处理，主要有镀冰衣、包装等物理方法和抗氧化剂处理、盐水处理等化学方法。

(一)脱盘

采用盘装的水产品在冻结完毕后依次移出冻结室，在冻结准备室中立即进行脱盘。脱盘方式分为手工脱盘和机械脱盘。

1. 手工脱盘

操作工人双手戴有棉手套，从鱼车或输送带上取下冻结鱼盘，两手将鱼盘翻转，将冻结鱼盘的一端轻轻地敲击在包有金属板的桌面上，冻鱼块即脱落在脱盘桌面上。如果轻敲脱盘不下时，可调换另一端轻敲，或者盘底向上，用自来水(10～20℃)向盘底冲淋一下使其稍为解冻，冻鱼块即可脱出，也可以把冻结鱼盘浮在水槽中，借水温融化脱盘，脱盘时，易碎的冻水产品宜采用水脱盘。此法工人劳动强度大。

2. 机械脱盘

机械脱盘需专用的脱盘机械，冻结好的鱼盘由输送带传送到脱盘机，借淋水或浸水作用使接触冻结鱼盘四周和底部的冻鱼块部分融解，然后将冻结鱼盘翻身并用力敲击，使冻鱼块和冻结盘分开，完成脱盘工序。脱盘用水的水温应维持在10～20℃，水质符合生活饮用水标准，清洁卫生。

(二)镀冰衣

镀冰衣是很早以前就采用的对保护冻结水产品表面有效而简便的方法。它是让冻结水产品表面附着一层薄的冰膜，在冻藏过程中，冰衣的升华替代了冻品自身的冰晶升华，使冻品表面得到保护。冰衣包裹在冻品的四周，隔绝了冻品与周围空气的接触，就能防止脂类和色素的氧化，使冻结水产品可长期贮藏。

镀冰衣有浸渍法和喷雾法两种。浸渍法通常在10℃以下的室温进行，冷水温度为2～5℃，品温为－18℃以下的冻结水产品在冷水中浸渍数秒钟，也可浸2～3次，附着的水因冻品本身的低温而形成冰膜。冰衣的重量约为冻品重量的2%～5%，厚度为2～3毫米较为适当。镀冰衣的方法因操作简便、经济、冻品形状不受限制，所以一直被广泛采用。但是清水冰衣也存在附着量少、附着力弱、有时冰衣会发生裂缝、冰衣在冻藏中升华后必须对冻品进行再镀冰衣的缺点。

为了弥补清水冰衣的不足之处，可在镀冰水中添加糊料或被膜剂，配成溶液进行镀冰，来强化冰衣。使用的糊料应该是食品卫生法允许的，通常有两类：

（1）纤维类糊料：羟甲纤维素（CMC），甲基纤维素（MC），聚丙烯酸钠（PPA－Na）。

（2）糊料的使用量一般为：PPA－Na、CMC、MC是0.5%～1%水溶液；PPA－Na是0.1%～0.2%水溶液。在同一温度下，用糊料水镀冰衣比清水镀冰衣其附着量增加2～3倍，附着力增强，并且使冰衣软化，不会产生裂缝，这样就大大增强了镀冰的效果，推迟了再镀冰衣的时间。

为了防止清水冰衣的剥离，还可采用湿布镀冰的方法，即冻品镀冰后，在其表面用冷水浸湿的白布附着，如果能再镀一次冰，效果会更好。日本主要对大型鱼类的鱼肉片采用此法，但对于需要在半解冻伏态下处理肉质的场合是不适合的，因为除去白布困难。另外，对于小型、不整形并且容易变质的高级水产品，可采用加厚冰衣的方法，即原料排列于冻结容器中，先注入冷水后冻结，然后再进行镀冰，可使冰衣显著增厚，增强镀冰效果。

（三）抗氧化剂处理

为防止冻结水产品表面的氧化变质，可用抗氧化剂进行处理。在冻前将水产品浸渍在抗氧化剂溶液中，让抗氧化剂附着并浸透水产品的表层，使用的抗氧化剂应该对人体无害，并是食品卫生法许可的。

使用较多的抗氧化剂是丁基羟基茴香脑（BHA）和丁基化羟基甲苯（BHT）。它们能防止因脂类氧化引起的多脂肪鱼类的酸败、油烧等。使用的方法是冻结前将多脂鱼浸渍在BHA或BHT的分散液（0.01%～0.02%）中，冻结后用同样的分散液包冰衣可增强效果。但是，如果原料鱼的鲜度不好，超出了脂类变化的诱导期阶段，则使用抗氧化剂不能得到预期的效果。

近年来，因安全性问题，有些国家已开始禁止使用BHA和BHT（日本禁用BHA、BHT，美国禁用BHA），研究者积极开发新型抗氧化剂，如从可作调味料的迷迭香叶中提取迷迭香酸，从中药材甘草中提取沙卡隆，从茶叶中提取儿茶素等。

(四)包装

冻结食品使用包装材料的目的一般有三个方面:卫生、保护表面、便于解冻。冻结水产品的包装有内装和外装之分,对于冻品品质的保护来说,内装更为重要。由于包装把冻结水产品与冷藏室内的空气隔开了,可防止水蒸气从冻结水产品向空气中移动,抑制了冻品表面的干燥。为了达到良好的保护效果,内装材料不仅应具有防湿性、气密性,还要求有一定的强度和安全性。常用的内装材料有:聚乙烯、聚丙烯、聚乙烯与玻璃纸的复合材料、聚乙烯与聚酯的复合材料、聚乙烯与尼龙的复合材料、铝箔等。

内装材料应紧贴冻结水产品,如果冻品与包装材料之间有空气间隙,水蒸气蒸发、冰品升华仍可能发生。水蒸气可从冻品表面向此空气间隙移动,并在包装材料的内侧凝结成霜,使包装内的水产冻结品表面仍会发生干燥。然而,冻鱼硬而不能弯曲,采用普通的包装方法不可能使内装材料紧贴冻结水产品,为了取得较好的效果,可采用包冰后再进行内包装的方法。另外,水产冷冻食品制造时,除了单体快速冻结的水产品是包装前进行冻结外,一般都是包装后进行冻结的。对于大型单体冻结的鱼来说,采用包冰要比包装更为方便。另外,为了便于消费者能将单条鱼从整包中分离出来,冻前可用优质蜡纸或塑料薄膜夹在鱼之间,这样的包装称为散包。

四、冻藏

鱼肉及其制品冻结后要想长期保持其鲜度,还要在较低的温度下贮藏。冻结完成需从冻结装置中取出时,若是盘装冻结,则要进行脱盘;若产品冻前未包装,还需作包冰衣或包装处理。这种后处理过程必须在低温、清洁的环境中迅速、仔细地进行,然后立即将冻结鱼产品送入低温冷藏库贮藏。冻结鱼产品与其他冻结食品一样,其优良品质能保持的时间与温度之间的关系是符合 T-TT(Time-Temperature Tolerance)原则。也就是说,冻结鱼产品的品质变化主要取决于温度,温度越低品质越好,贮藏期限越长。但考虑到设备的耐受性及经济效益以及冻品所要求的保鲜期限,一般冻藏温度设置在 -30 ~ -18℃,我国的冷库一般是 -18℃以下,有些国家是 -30℃。表 3-2 列出了冻藏温度与期限的关系。

表 3-2 冻藏温度与期限的关系　　单位:月

种类	-18℃	-25℃	-30℃
多脂鱼	4	8	12
中脂鱼	8	18	24
少脂鱼	10	24	24

对于大多数冻结产品来说，-18℃是最经济的冻藏温度，但是鱼类因其肌肉组织细嫩，蛋白质容易冻结变性，特别是多脂肪鱼类含有大量高度不饱和脂肪酸，在贮藏过程中很容易氧化、油烧，表面发生黄褐变，使贮藏期缩短。鱼类与牛肉、猪肉、鸡肉等其他冻结食品相比较，其品质稳定性最差，贮藏期也最短，特别是多脂肪鱼更为显著。为了保持冻结淡水鱼的良好品质，国际冷冻协会对于冻结淡水鱼的贮藏温度作了如下推荐：少脂鱼类为-20℃，多脂鱼类为-30℃。如果少脂鱼类需要贮藏1年以上，其冻藏温度也必须为-30℃，所以，水产冷藏库的设计温度应定为-30℃。为了使水产品冷藏库内的温度稳定、少变动，冻结水产品的平衡品温应接近-30℃，则要求冻结产品的中心温度必须达到-20℃才能从冻结装置中取出。

近年来，国际上冷藏库的贮藏温度趋向于低温化，其主要原因是为了保持冻结水产品的良好品质。英国对所有冻结鱼类制品推荐其贮藏温度为-30℃，并已被欧洲众多的冷库经营者所采用。美国认为水产品的冻藏温度应在-29℃以下，因为该温度下由细菌引起的腐败已完全抑制，其他不良变化的进行速度也大为减缓。

另外，冻藏温度的变动也会给冻结水产品的质量带来很大的影响。冷冻鱼的温度在-15～-9℃间变动，对其品质降低的影响特别大。因此，冻结水产品在冻藏时不仅要注意贮藏期（贮藏时间越长，品质降低量的累积也越多），更重要的是要注意冻藏温度及其变动对冻品质量的影响。因为大多数冻结水产品的温度系数Q10（温度增加10℃时化学速度的变化率）的值是2～5，冻藏温度升高，贮藏期显著缩短。如果某个冻结水产品的温度系数为5，冻藏温度升高10℃，贮藏期就要缩短为原来的1/5，所以，从某种意义上来说，冻藏温度与冻结速度对于冻结水产品质量的影响是同等的，甚至是更大的。因比，应十分注重水产品的冻藏温度并严格控制，使它稳定、少变动才能使冻结水产品的优良品质得到保持。我国现行的冷藏库设计规范中，规定冷库的空气温度为-18℃，库内相对湿度90%。这个温度标准对脂肪较多和价值较高的水产品显然是不适用的，因此，根据产品的不同要求和国际市场上客户的要求，中国水产冷库的库温正在逐渐降低，已有部分冷库的库温达到-22℃、-25℃、-28℃，最低达到-30℃。

五、冻结产品的解冻

冻结水产品经销售后，无论是家庭食用，还是饭店、医院、学校等团体膳食，或者是供食品加工厂作为加工原料，在使用前都必须经过解冻。解冻是冻结的逆过程，它使冻结水产品的冰结晶融化，并使冻品恢复到冻前的新鲜状态。由于冻结食品自然放置也会解冻，所以过去很容易被人们所忽视。随着冻结水产品上市量的增加，特别是将冻结水产品作为现代水产食品工厂的加工原料时，必须重视解冻工序，使解冻水产品的数量和质量都能得到保证，才能满足生产的机械化和连续化的需要。

解冻所用的时间远大于冻结所用的时间。解冻状态可分为半解冻（-5℃）和完全解冻。鱼肉及其制品在解冻过程中常出现的主要问题是：①汁液流失（extrude 或 drip loss）。②微生物繁殖。③ 酶促或非酶促等不良生化反应。

（一）解冻的概念

1. 解冻的复原性

解冻是要使冻结水产品恢复到冻前的新鲜状态，解冻的复原性包括形态复原和本质复原两个方面。由于是采用快速升温冻结，刚冻结的水产品肌肉组织中细胞内外均形成微细的冰结晶，对组织结构无损伤，冻品的质量好。但是在长期的冻藏过程中，细胞内微细的冰结晶会逐渐消失，而细胞外的冰结晶逐渐长大，大型冰结晶挤压细胞，使组织结构受到损伤，并引起蛋白质变性，这种变化必然会影响到解冻后的复原性。当冻结水产品解冻时，细胞外的冰结晶融化成水后，会向细胞内渗透，细胞吸水后如能回复到原来的状态，则称为形态复原。一般来说，冻结贮藏初期鱼肉能充分地进行形态复原，因为冻品质量好，鱼肉细胞活性强，能充分吸水，达到形态复原。但是随着冻藏时间的延长，鱼肉细胞的吸水能力变弱，解冻终了时还有相当一部分水分残留在细胞外，细胞就不能充分地完成形态复原。

形态复原时，水分被吸收到鱼肉细胞内后就与细胞内的蛋白质发生水合作用，这种水合作用如能充分进行，解冻后的鱼肉就能回复到冻前状态，具有高的保水性和有韧性的食感，这就是本质复原。对于大部分冷冻鱼来说，形态复原尚能充分进行，但与蛋白质的水合作用往往进行得不充分，这样解冻后的鱼肉变得水分多而味淡，并有粗糙的食感。所以，形态复原仅仅是蛋白质水合的前提条件，只有充分地进行了蛋白质水合作用，才能达到本质上的复原。鱼肉在冻结贮藏过程中发生了蛋白质变性，就会影响解冻时水合作用的进行，达不到本质上的复原，因此，冻结水产品在冻藏过程中必须采取措施，抑制蛋白质冻结变性的发生。

2. 解冻的速度

解冻过程中，冻品温度随时间而上升，但是解冻过程比冻结过程需要更长的时间。解冻过程中冻结水产品首先是表层冰晶融化，随着解冻的进行，融化部分逐渐向内延伸。由于冰变成水后导热系数变小，传向冻品中心部的热量逐渐减少，因此解冻速度是随着解冻过程的进行而逐渐下降。解冻曲线和冻结曲线一样，都是通过 -5 ~0℃温度带所需的时间最长，对于含水量为 70% ~80% 的新鲜产品来说，这个温度带在解冻过程中是最大冰晶融解带。由于 -5 ~0℃通常是生化变化及酶的作用相互促进、相互抑制的特异反应带，在这个温度带时容易出现食品变色，发生异味、异臭和蛋白质变性等不良变化，如果缓慢解冻，冻结水产品的质量会有较大影响。因此，冻结水产品的解冻与冻结一样，要求迅速通过最大冰晶融解带，才能保持解冻品的质量。

过去人们都认为，采用低温缓慢解冻，解冻后的食品质量好，其理由是解冻时冰晶融化的水需要有足够的时间才能被细胞吸收。但是近年来通过冷冻显微镜的观察得知解冻时水向细胞内的渗透非常迅速，在极短的时间内细胞就吸水复原，即使吸水性能弱的细胞，吸水时间也很短，只需几分钟。实际上冰晶融化的水渗透到细胞和组织内的时间，最多不超过 10 ~ 20 分钟，因此快速解冻不会妨碍细胞的复原，相反，从生化变化及酶反应的角度来看，快速解冻产品的质量较好，而且还可减少细菌的污染，所以快速解冻的观点近年来已广泛地被大家所接受。

但是，解冻僵硬却是一个例外。解冻僵硬是指死后僵硬前或僵硬中非常新鲜的鱼肉或鱼片被冻结后，在解冻时会发生强烈的死后僵硬现象，鱼肉显著收缩变形，并伴有硬的食感和大量液汁流失，这种现象在红色的鲤鱼肉中有发生。调整解冻速度虽然不能完全避免这种异常现象的发生，但是可以减轻解冻僵硬，所以对上述冻结鲤鱼肉，应避免采用太快速度的解冻方法。另外也可采用二段解冻法，即在 -2 ~ 0℃放置 10 天，产品温度降至 -3 ~ -2℃，呈半解冻状态（冻结率约 50% ~70%），然后放到 10℃空气中解冻。由于未融化的冰晶起了骨架作用，就不会出现解冻僵硬现象，这对减轻解冻僵硬有效果。

3. 解冻的终温

解冻时，通常是食品的温度达到 0℃后解冻仍在继续进行。解冻过程中食品达到的最高温度常被称为解冻终温。对于冻结品来说，冻结速度比冻结终温对品质的影响大；而对解冻品来说，解冻终温比解冻速度对品质的影响更大。因为冻结水产品解冻后，其品质的劣化就与鲜鱼一样，按温度上升而加速进行，甚至比鲜鱼坏得还快。

另外，也有人为了达到快速解冻的目的，采用 30 ~40℃的高温进行解冻，这是不可取的。因为解冻时，冻品表面很快解冻，而冻品内部温度仍很低，水产品表面处在高温下，很容易发生腐败变质。虽然解冻速度是提高了，但鱼却变臭了，所以应该采用低温快速解冻，介质温度应为 10℃，最高也不能超过 15℃的低温，才能使解冻品的质量得到保证。

从细菌学的观点来看，冻结水产品的解冻终温应在 5℃以下，最高不能超过 10℃，并且只能作短时间的停留。实际上水产品的解冻往往不需要达到完全解冻，只要刀子能切开，处于半解冻状态（中心温度 -4 ~ -3℃）即可进行各种处理。而且这时的肉质不溃碎，切开后又可促进解冻的进行，使其快速解冻。

(二)解冻方法

为了获得优质的解冻品,除了要有高质量的冻结水产品外,还要选择合理的快速解冻方法。例如切成鱼块或鱼片的冻块,要避免在水中解冻,而整条鱼的冻块,则用流水解冻较好。方形的冷冻鱼糜用高频电介质加热解冻较好。目前使用的各种解冻方法如表3-3所示。

表3-3　目前使用的各种解冻方法分类表

解冻手段	具体操作方法	
空气解冻	静止空气解冻 流动空气解冻 加压流动空气解冻	
水解冻	清水解冻	静水解冻 流水解冻 淋水解冻
电解冻	盐水解冻 碎冰解冻 真空水蒸气凝结解冻 低频电流解冻(电阻型)	
	高频电介质加热解冻	超短波(13,27, 40兆赫)解冻 微波(915,2450兆赫)解冻
压力解冻	高压(400兆帕)解冻	
组合解冻	各种解冻方法联合起来	

1.空气解冻

在常温空气中解冻不需要特别的设备,只需堆放在洁净的台面上。这种解冻方法适用于大多数冻品,不消耗能源,无过热现象,是最经济方便的解冻方法之一。但由于空气的传热效率低,故所需时间较长,另外气温还受季节的影响,长时间解冻会使冻品与氧气、微生物、蚊蝇等接触的机会增多,造成冻品表面变色、干燥,甚至变质。

流动空气解冻提高了空气流动速度,辅以增湿、加温、空气消毒等设置,缩短排列摆放整齐的冻品解冻时间。空气解冻的一般空气温度为14~15℃,相对湿度为95%~98%,风速2米/秒以下。

2.水解冻

水作为解冻介质,其传热系数大于空气,故在相同的温度下,解冻所需时间只为空气解冻的10%左右。整条鱼的解冻可以采用水解冻,而对于冻鱼片、鱼糜制品用水解冻就不适宜了,因为冻品直接与水接触,切断面的物质不仅会被水浸出,还容易受到污染。水解冻主要有以下几种:

(1)静水解冻:静水解冻是最简单的水解冻方法。将冻鱼置于放满水的水槽中，放置一段时间即可解冻，它具有解冻时间时间略长、用水量少、解冻终温低、应用范围广的特点。

（2）流水解冻：流水解冻可缩短解冻时间，比静水解冻快约 2 倍，同时减少了微生物的繁殖。解冻速度受到水温、冻块大小等因素影响，一般应避免在水中达到完全解冻状态，一是浪费时间，二是对鱼肉有不良影响。某些鱼在水中经淡水浸泡时间较长达到完全解冻后，表面颜色会变浅，不鲜艳。

（3）淋水解冻：淋水解冻是把冻鱼块置于地面或传送带上，用水喷淋。解冻的时间受水温影响不大，主要与水流所具有的冲击力有关。解冻的第一阶段主要靠水的冲击力破坏冻鱼块，把冻鱼分开，第二阶段是通过传热使鱼体内的冰结晶融化。

（4）盐水解冻：盐水解冻可以较好地保持鱼原有的体色，还能够增加肌肉组织的复原力，缩短解冻时间。在4% ~5% ，40 ~ 50℃ 的盐水中解冻，70 ~ 80 毫米厚的鱼仅需 1 ~ 3 小时，40 毫米厚的鱼仅需 20 分钟，只是略带咸味。

3. 真空水蒸气凝结解冻法

真空水蒸气凝结解冻法也称减压水蒸气解冻，其原理是水的沸点随着压力的下降而下降，处于真空状态的水在低温下也可沸腾，冰也可直接升华变成汽。沸腾或升华的水蒸气在冻品表面凝结成水珠，放出的凝结热被冻品吸收而使冰晶体融化。该方法具有不产生过热、解冻时间短、可防止氧化、降低干耗、解冻后汁液流失少的优点。该技术对设备和真空泵的密封性要求特别苛刻，故装置的成本很高。

4. 电阻加热解冻

用频率为 50 赫兹的普通市电接到鱼体冻块上，形成回路，使鱼体相当于电阻发热而解冻，即为电阻加热解冻。这种解冻方法比一般的水和空气解冻法快 2 ~ 3 倍，但是仅限于表面平滑、均匀的冻块，且厚度不能超过 70 毫米。

5. 高频电磁波加热解冻

高频电磁波是指其频率在 3 ~ 3000 兆赫的电磁波，可分为超短波和微波两种，它们的解冻原理都是一样的。冻品中的水、蛋白质等极性分子在电磁场力的作用下，从原来的随机分布状态转向依照电场的极性排列取向，在高频电磁场的作用下，这些取向按多变电磁场的频率不断变化。这一过程造成分子的高速振动和相互摩擦而产生热量，频率越高，碰撞作用越大，发热量越多，解冻也就越快。在解冻装置中常用的频率是 13、27、40 兆赫的超短波和 915、2450 兆赫的微波两种。电磁波频率太高时，穿透性减弱。鱼类厚度在 5 厘米以下的一般用 2450 兆赫，5 厘米以上的用 915 兆赫。

冻鱼中大部分水变成了冰，冰的晶体结构限制了分子转动，故其吸收微波的能力大大降低，然而在冷冻水产品中并不是所有的水都形成了冰，仍有 5% ~10% 的水呈液体状态存在，由于在冻结时的溶质重新分布效应，这部分水以较高浓度溶液的形式存在，对微波能的吸收能力增强。使用微波来解冻可以缩短加工时间、减少细菌数量、降低酶的作用、减少水分和汁液损失、保持产品的鲜度和色泽，产品质量好、处理效率高、成本低、耗能少、占地面积少，同时可改善环境卫生。用家用微波炉解冻更是省时方便。

微波解冻的最大缺点是冻品受热不均匀，特别是像鱼这样厚薄不均，形态复杂的水产品，其突起的部分和有角的部分温度上升很快，在其他部位尚未解冻之前，这些部位就会过热，甚至有煮熟的危险。可采用冻品旋转和吹风冷却解决这个问题，用微波解冻到到 -5℃或 -4℃（有时称调温），再经空气解冻或水解冻，以避免解冻不均。

6. 高压解冻

将冷冻品在高压下解冻，冻品中的冰晶瞬间就会液化，可减小冰晶对细胞的损伤，从而使汁液的流失量下降。高压解冻的速度大大快于自然解冻法。

7. 组合解冻

每一种解冻方法都有其自身的特点，如有的成本低，有的解冻质量好，有的时间短等。可以根据具体情况选用其中的一种或几种以达到冻品的最适解冻目的。

总之，我们应根据冻结水产品的特性（品种、形状、体积等），解冻后的用途（立即食用、过一段时间食用、作加工原料、再冻结），经济指标（投资、操作运转、设备维修、劳动力）和对质量的影响（重量损失、商品变质）等作出合适的选择。目前工业上大规模使用的还是水和空气的解冻方法。

（三）水产冷藏链

水产冷藏链是指水产品从水中被捞起后一直到食用之前始终处于较低的温度环境中，从而保持其鲜度不发生或少发生变化。在这个过程中无论哪个环节处理不当都会对水产品品质有严重的损害。这些环节具体是：

渔船冰藏→陆上冻结→冷藏库→冷藏运输车、船等→调剂冷藏库→冷藏或保温车→商场冷藏展示柜→家用冰箱→解冻→食用。

渔被捕捞后约有90%以上是冰鲜的，经过几天或几十天后将鱼货运到渔业冷库进行冻结加工，然后贮藏于 -18℃以下的冷库中。要想将这些冻鱼从产鱼地运输到销售地的调剂冷库中，必须用冷藏运输车（船）。冷藏运输车上一般设有小型制冷装置，可以维持车厢内 -24 ~ -18℃的温度，也有用干冰和液氮作冷却剂的。近几年来发展较快的是冷藏集装箱，制冷装置固定在箱上，这样可以从发货地直接到收货地点，避免中途多次装卸，即使是几十天的国际海运也能够保持所需要的温度。然而保温车采用加冰块冷却而不设置制冷装置，保持低温的效果不好，易造成较大的温度波动，所以一般用作短途运输。调剂冷库的温度也应保持在 -18℃以下，从调剂冷库出来运往当地的零售店时可用冷藏车，也可用保温车。冷藏陈列柜是菜场、副食品商场、超级市场等销售环节的冷藏设施，也是水产冷藏链中的重要一环，其设置的温度最好与原冷库的一致或相近。

第三节　冻藏过程中的结构和营养变化

新鲜鱼类中含有大量的营养物质且水分含量较高，极易腐败变质。若加工贮藏不当，蛋白质、氨基酸、脂肪等在微生物和酶的综合作用下会发生分解，对淡水鱼及其产品的结构和营养产生不利影响，主要表现为蛋白质变性、风味流失等。

一、品质特性变化

冻结水产品的品质与一般水产品相同，是由营养、卫生、食味等方面的特性构成，在冻结贮藏过程中，各个特性的变化不同。

（一）营养特性

鱼类的营养特色是以优质的动物蛋白质为主体，还含有脂类、维生素及矿物质，特别是含有碘。在冻结贮藏过程中，作为主体的蛋白质的性质会发生变化，但营养成分无特别的损失。脂肪因空气中氧的作用会发生酸败，并将大大影响水产品的营养特性，所以要采取措施加以抑制，尽可能减小损失。另外，冻结水产品解冻时流出的液汁中含有蛋白质、盐类、维生素等水溶性物质，造成营养成分的直接损失。一般来说，优质冻结水产品解冻时的液汁流失量很少。

（二）卫生特性

如把渔获物受环境污染而产生的有害物质除外，水产品上附着的微生物便成为影响鱼及其产品卫生特性的主要因素。在通常的冻结贮藏条件下，腐败细菌的繁殖已经停止，或因自身被冻死而成为不利因素。但与食物中毒有关的细菌的耐冻性要比腐败细菌强，它们在冻结贮藏的条件下往往是处于被抑制状态，解冻后就有可能恢复活性，从而影响产品的卫生特性。

（三）食味特性

冻结水产品的食味特性大致可分为外观（色泽）、香味及组织质地等，它们在冻结贮藏过程中各自都会发生一些变化。例如外观方面，鱼体表面会褪色、变色或者丧失光泽，进一步还会发生肌肉变色。在香味方面，其新鲜味减少，异味异臭（冷藏臭、腐败臭）会发生，甚至还会引起组织质地的变化，使水产品的肉质变软，产生异常的食感。当蒸煮鱼肉冻藏时，则会出现肉质变硬、变韧的现象。因此，食味特性的变化是水产品在冻结贮藏中品质变化的主要方面。

当冻结水产品作为其他食品的加工原料被利用时，它的适宜性也是品质特性的一个重要方面，因为在冻结贮藏过程中，有些鱼种的肉质的加工适宜性会发生很大的降低。冻结水产品的食味特性及加工适宜性等的变化，都是冻藏过程中水产品肉质发生了物理、化学变化的反映，是一种或几种变化的复合导致了冻结水产品品质的降低。

二、物理变化

（一）冰结晶的长大

刚冻结完的水产品的冰结晶是不稳定的，并且大小也不全部均匀一致。在冻结贮藏过程中，微细的冰结晶会逐渐减少、消失，而大的冰结晶逐渐成长变得更大，整个冰结晶数目大大减少，这种现象称为冰结晶的长大。冰结晶的长大会使细胞受到机械损伤，蛋白质发生变性，解冻时液汁流失量增加，水产品的风味和营养价值下降。

为了减少冻藏过程中因冰结晶的长大给冻结水产品的品质带来的不良影响，可从两个方面采取措施来加以防止：

（1）采用快速升温冻结方式。水产品中90%的水分在冻结过程中来不及移动，就在原位置变成了微细的冰晶，大小分布都比较均匀，并且因为冻结终温低，提高了冻结率，使残留的液相减少，就可以减少冻藏中冰结晶的长大。

（2）冻藏温度要尽量低，并要稳定、少变动，特别要避免－18℃以上温度的变动。

（二）解冻液汁的流出

冻结水产品解冻时，体内的冰结晶融化成水，如果它不能被肉质吸收恢复到原来的状态，这部分水分就分离出来，成为液汁流出，也称为液汁损失。冻结鱼液汁流出量通常是鱼体重量的5%左右，多的时候会达到20%～30%。流出液汁的成分与肌肉的水溶性成分类似，它的流出使水产品的营养、食味特性变差，并造成重量损失，因此解冻液汁的流出量成为鉴定冻结水产品品质的指标之一。

解冻流出液可分为两种：

（1）自由流出液：解冻时及解冻后自然地流到水产品外面的液汁。

（2）挤压流出液：在自由流出液流出之后，加0.1～0.2兆帕压力后流出的液汁。

我们通常所说的液汁流出，是指自由流出液。

冻结水产品解冻液汁的流出是由冻结过程中冰结晶的形成和冻藏过程中冰结晶的长大引起水产品中肌肉组织结构受到机械损伤所造成的。这种损伤表现为细胞间隙扩大，细胞膜破裂及肌原纤维之间的平均距离减小等。流出液汁的来源主要是肉质的细胞外液及一部分内液，少部分是由于细胞内的肌原纤维蛋白质变性，其保水能力下降，冰晶融化的水不能重新与蛋白质分子结合而分离出来。当组织结构损伤严重时，肉质间的缝隙变大，解冻液汁能通过这些缝隙自然地向外流出，成为自由流出液。当组织结构损伤轻微时，解冻液汁因毛细管作用还能保持在肉质中，当加压的时候才向外流出，成为挤压流出液。

一般讲，鲜度高的水产品采用快速深温冻结，在冻藏温度低而变化少，解冻速度快而温度低的场合，液汁的流出量就少。另一方面，不管解冻温度如何，刚解冻时液汁流出量少，解冻终温越高液汁流出量越多。

（三）干耗与冻结烧

水产品在冻结和冻藏的过程中因温度变化造成水蒸气压差，出现冰结晶的升华作用而引起表面干燥，质量减少的现象称干耗，冻结贮藏的时间越长，干耗问题越突出。

冻藏室内，由于冻结水产品的表面温度、与冻品表面接触的空气温度以及冷藏装置蒸发管的表面温度三者之同存在着温差，因而也形成了水蒸气压差。冻结水产品表面的水蒸气压 P_f 高于与水产品表面接触的空气的水蒸气压 P_a，水产品表面的冰晶就升华到空气中去。水产品表面的空气与冻藏室内空气间难免有温度差，就产生自然对流，空气流经蒸发管表面被冷却，空气中的水蒸气也被冷凝成霜，空气脱湿压力变小，这时冻结水产品表面的水蒸气压 P_f 仍然高于室内空气的水蒸气压 P_a，冰晶继续升华。以空气为介质如此反复后，冻结水产品的表面出现干燥现象，肉质表面丧失透明感而成为干燥纤维状，同时造成重量损失。

冻结水产品表面冰晶升华所需的升华热是由冻结水产品本身供给的，另外还有外界通过围护结构传入的热量，冻藏室内电灯、操作人员发出的热量等。冻结水产品在单位时间内从表面升华到空气中的水分量 W（千克/小时）可用下式表示：

$$W = \beta F(P_f - P_a)$$

式中 β—升华率〔千克/（$m^2 \cdot h \cdot P_a$）〕

F—冻结水产品的表面积（m^2）

Pf—冻结水产品表面的水蒸气压（P_a）

Pa—与冻品表面接触的空气的水蒸气压（P_a）

当冻藏室的隔热效果不好，外界传入热量多时；当冻藏室内的空气温度变动剧烈，空气冷却器蒸发管表面温度与冻藏室内空气温度间的温差太大时；冻藏室内放置了品温高的冻结食品、冻藏室内空气流动速度太快等都会使冻结水产品的干燥现象加剧。开始时仅仅在冻结水产品的表面发生冰晶升华，时间长后逐渐向里推进，达到深部冰晶升华。冰晶升华后的地方成为微细空穴，组织变成海绵状，这样就大大增加了冻结水产品与空气的接触面积，促进了脂肪的氧化。对于多脂肪鱼，因为含有大量高度不饱和脂肪酸，在空气中氧的作用下很容易氧化酸败，表面变成黄褐色，使水产品的外观损坏，食味、风味、营养价值变差，组织质地劣化等，这种现象称为冻结烧。冻结烧部分的鱼肉组织含水率非常低，约为2% ~3%，蛋白质脱水变性，冻品质量严重下降。

为了避免和减少水产品在冻藏中的干耗和冻结烧，重要的手段是防止外界热量的传入，提高冷库围护结构的隔热效果，减少室内温度的变动。对冻结水产品本身来说，必须使用保护措施才能延长冻品品质的保质期，因为冰晶升华首先是从水产品的表面开始，干耗和冻结烧也主要发生在离表皮1毫米的范围内，表面的恶化会使冻品的商品价值下降，因此加强冻结水产品表面的保护措施非常重要。保护表面有包冰、包装等物理方法和抗氧化剂处理等化学方法。

三、化学变化

（一）蛋白质的冻结变性

鱼类肌肉的主要蛋白质是肌原纤维蛋白，在冻结贮藏的过程中，肌原纤维蛋白会发生冻结变性，表现为在稀食盐水中的溶解性减少、ATP 酶活性减小、黏度降低、蛋白质分子凝集、空间立体结构发生变化。蛋白质变性后，冻结鱼肉的组织质地变得干燥、发硬，如作为鱼糜制品的加工原料时，它的加工适宜性下降，产品缺乏弹性。蛋白质发生冻结变性的原因目前尚不很清楚，但可认为主要由下述的一个或几个原因共同造成：

（1）冻结时，细胞中的无机盐类因冰结晶的生成而被浓缩，由于高浓度溶液的盐析作用，蛋白质分子脱水和发生变性。

（2）冻结和冻藏过程中产生的大型冰结晶的挤压作用使具有正常空间结构的蛋白质分子链互相紧挨着，引起空间结构歪斜，甚至破坏蛋白的空间结构，从而导致蛋白质变性。

（3）由于冰结晶的生成，细胞中的蛋白质分子争夺结合水，蛋白质分子间相互凝集引起变性。

（4）冻结贮藏过程中，脂肪成分的水解、氧化所产生的过氧化物是促进蛋白质变性的因素之一。

上述这些原因,几乎都是以水分的冻结为起因,因此可以认为蛋白质的变性是冻藏鱼特有的品质变化。

鱼肉蛋白质的冻结变性率随着冻藏时间的延长而增加,通常认为冻藏温度越低,可溶性蛋白质的百分率越高,蛋白质的冻结变性率就越小。蛋白质的冻结变性率随鱼种的不同有很大差异,这与鱼肉蛋白质本身的稳定性有关。此外,鱼肉蛋白质的冻结变性率还受到共存物质的影响,例如脂肪的存在,特别是磷脂质的分解产生的游离脂肪酸是促进蛋白质变性的重要因素。又如钙、镁等水溶性盐类会促进鱼肉蛋白质冻结变性,而磷酸盐、糖类、甘油等可减少鱼肉蛋白质的冻结变性。

(二)脂类的变化

冷冻鱼脂类的变化主要是水解、氧化以及由此产生的油烧。

鱼类按含脂量的多少可分为多脂鱼和少脂鱼,多脂鱼大多为洄游性鱼类,少脂鱼大多为底栖性鱼类。鱼的脂类分为组织脂肪和贮藏脂肪,主要是由甘油三酸酯、磷酸甘油酯、固醇类等组成,它们在脂酶和磷脂酶的作用下水解产生游离脂肪酸。鱼类的脂肪酸大多为不饱和脂肪酸,特别是一些多脂鱼,其高度不饱和脂肪酸的含量更多,主要分布在皮下靠近侧线的暗色肉中,即使在很低的温度下也保持液体状态。鱼类在冻藏过程中,脂肪酸往往因冰晶的压力,由内部转移到表层,因此很容易在空气中氧的作用下发生自动氧化,产生酸败臭。只有当脂肪与蛋白质的分解产物共存时,脂类氧化产生的羰基与氨基反应、脂类氧化产生的游离基与含氮化合物反应,以及氧化脂类互相反应使冷冻鱼发生油烧,产生褐变。

鱼类冻藏过程中,脂类发生的变化所生成的产物中还存在有毒物质,例如丙二醛等对人体健康有害。另外脂类的氧化还会促进冻藏过程中鱼肉蛋白质的变性和色素的变化,使鱼体的外观恶化,风味及营养价值下降。由于冷冻鱼的油烧主要是由脂类氧化引起的,因此可采取下列措施加以防止:

(1)避免和减少与氧的接触,采用包冰衣、包装等方法。

(2)降低水产品的冻藏温度,尽可能使反应基质,即高度不饱和脂肪酸能凝固化,就可大大降低脂类氧化反应的速度。许多试验证明,冻藏温度在 -35℃以下时才能有效地防止脂类氧化,同时库温要稳定。

(3)冻藏室要防止氨的泄漏,因为环境中有氨会加速冷冻鱼的油烧。

(4)使用脂溶性抗氧化剂。常用的有丁基羟基茴香脑(BHA)、丁基化羟基甲苯(BHT)、没食子酸丙酯(PG)和维生素 E 等。

(三)色泽的变化

鱼类的色泽在冻结贮藏过程中常常发生变化,这种变色从外观上看有褐变、黑变或者褪色等,上述油烧产生的变色也包括在内。鱼类变色的原因包括自然色泽的分解和新的变色物质的产生两个方面,自然色泽的破坏如红色鱼皮的褪色、产生新的变色物质和白色鱼肉的褐变等,上述变色不仅外观不佳,有时还会产生臭味,使商品价值和营养价值都下降。冷冻水产品在冻藏中的变色反应机理很复杂,往往不是单一的反应机理,具体变化有如下几种:

1. 还原糖与氨化合物反应造成的褐变

美拉德反应就是还原糖与氨化合物的反应,也叫氨基碳基反应,它是鱼肉发生褐变的原因。鱼死后,鱼肉中的核酸系物质反应生成核糖,然后与氨化合物反应,以N－配糖体、紫外光吸收物质、荧光物质作为中间体,最终聚合生成褐色的类黑精,使鱼肉发生褐变。－30℃以下的低温贮藏可防止核酸系物质分解生成核糖,也就可以防止美拉德反应。另外,鱼的鲜度对这种褐变有很大的影响,因此一般都选择新鲜的、死后僵硬前的鱼进行冻结。

2. 红色鱼肉的褐变

红色肉的鱼类死后,因肌肉中供氧终止,肌红蛋白与氧分离成还原型状态而呈暗红色。如果把鱼肉切开放置在空气中,还原型肌红蛋白就可从切断面得到氧气,并与氧气结合生成氧合肌红蛋白而呈鲜红色。如果继续长时间放置,含有2价铁离子的氧合肌红蛋白和还原型肌红蛋白都会自动氧化,生成含有3价铁离子的氧化肌红蛋白而呈褐色。鱼肉的变色程度因氧化肌红蛋白生成率的高低而不同,即:

氧化肌红蛋白生成率(%)＝氧化肌红蛋白/全肌红蛋白×100%

当氧化肌红蛋白生成率为20%以下时呈鲜红色,30%时呈暗红色,50%时呈褐红色,70%以上时呈褐色。另外,氧化肌红蛋白的生成率是:－2.5～－2℃比非冻结肉高,－5℃比0℃高,这是因为肌红蛋白的氧化还原与盐浓度、pH值、氧的分压有关。当鱼肉冻结时,随着冰晶的生成,体液中的盐浓度增加,促进了色素的氧化作用。

3. 红色鱼的褪色

具有红色表皮色素的鱼类在冻结、冻藏过程中常发生褪色现象,这种褪色受光的影响很大,紫外光线350～360纳米照射时褪色特别显著。红色鱼的褪色是由于鱼皮红色色素的主要成分——类胡萝卜素被空气中的氧氧化的结果,当有脂类共存时,其色素氧化与脂类氧化还有相互促进的作用。降低冻藏温度可推迟红色鱼的褪色,另外,用不透紫外光的玻璃纸包装,或者用0.1%～0.5%的抗坏血酸钠或山梨酸钠溶液浸渍后冻结,并用此液包冰衣,对防止红色鱼的褪色均有效果。

第四节　冷冻淡水鱼片的主要生产工艺

一、原料

原料可为鲜活青鱼、草鱼、鲤鱼、鲢鱼、鳙鱼等，个体在1千克左右较佳。

二、工艺流程

原料鱼→冲洗→前处理（去鳞、去头、去内脏）→洗净→剥皮→割片→整形→挑刺修补→冻前检验→浸液→装盘→速冻→镀冰衣→包装→冷藏。

三、操作要点

（1）前处理：将鱼去鳞、去头、去内脏、洗净血污、黑膜等杂质。

（2）剥皮：一般可使用剥皮机，但要掌握好刀片的刃口，刀片太快鱼皮易被割断，太钝则鱼皮剥不下来。

（3）割片：鱼肉用手工切片，根据原料鱼的品种，采用合适的切割方法。

（4）整形：将切割好的鱼片在带网格的塑料筐中漂洗后再进行整形，切去鱼片上残存的鱼鳍，除去鱼片中的骨刺、黑膜、鱼皮、血痕等杂物。

（5）冻前检验：将鱼片进行灯光检查，挑出寄生虫。常见的寄生虫有线虫、绦虫和孢子虫等。

（6）浸液：浸渍液一般采用多聚磷酸盐复合溶液（如12%的氯化钠和0.2%的三聚磷酸钠溶液）。

（7）装盘：将沥完水的鱼片按规定摊放在盘内，上下放平整。

（8）速冻：将盘送速冻装置中快速冻结，待鱼片温度达到－18℃时即可出冻脱盘。

（9）包装：将出冻后的鱼片包冰衣后装入聚乙烯薄膜袋内。

（10）冷藏：于－18℃以下冷库中冷藏。

第四章 大宗淡水鱼干制品的工业化加工技术

第一节 干藏加工原理

鱼肉中含水量为70%，如此高的含水量使得它们在常温下不易保藏，经脱水或干制使鱼肉中的水分含量达到40%以下则可以延长其保藏期。使用脱水或干制方法长期保藏的水产品种类有淡干品、盐干品、冻干品、焙干品、烤干品等。

水产品经脱水或干制后水分活度降低，微生物繁衍受到抑制，大多数生物化学反应的反应速度也降低，因而从广义上讲，水产品的鲜度得以保持。但是在脱水或干制的同时，水产品的食品属性也产生了较大的变化，如色、香、味、形态以及组织质地都有所改变，这种变化即使是将干制品复水后也不会完全恢复到原先的状态。然而近几年发展起来的冷冻干燥技术和半干半湿技术等可以弥补在这方面的不足。本章将详细介绍脱水干燥的原理、方法、制品的工艺等。

一、低水分活度对水产品质量的影响

(一)降低水分活度稳定水产品质量的机理

水产品脱水或干制后,水分活度得以下降,微生物生长受到抑制,同时许多化学反应和酶促反应的反应速度也大幅度下降,从而使水产品得以保藏。究其原因,主要有以下几点:

(1)大多数化学反应都必须在水溶液中才能进行,水分活度降低后,自由水的比例减少,结合水的比例增加,而结合水不能作为反应物的溶剂,所以降低水分活度,有可能使水产品中许多可能发生的反应受到抑制,从而提高水产品的稳定性。

(2)很多反应属于离子反应,反应发生的条件是反应物首先必须进行离子化或水化作用,而发生离子化或水化作用的条件是必须要有足够的自由水。降低水分活度后,自由水含量下降,影响了反应物的离子化或水化作用,从而使反应受到抑制。

(3)在许多酶促反应中,水除了起着一种反应物的作用外,还作为底物向酶扩散的输送介质,并且通过水化作用促使酶和底物活化。水分活度低于0.8时,大多数酶的活力受到抑制。因此降低食品的水分活度可使酶促反应受阻,提高食品的稳定性。

(二)低水分活度对水产品质量的影响

根据上面的分析,低水分活度能够抑制水产品中可能发生的化学反应和生物化学反应,所以在加工和贮藏过程中降低水产品的水分活度可以增强其质量的稳定性,但低水分活度在某些方面对水产品也有不良影响。

1. 对脂肪氧化酸败的影响

水产品中脂肪含量不平衡,红身鱼的脂肪含量较多,白身鱼的脂肪含量较低,但它们的脂肪都含有较多的双键,特别容易被氧化产生低分子的醛、酮等有哈喇味的产物。隔氧和低温贮藏是防止脂肪氧化酸败的重要措施,一般情况下,降低水产品的水分活度会减慢脂肪氧化酸败的速度,当水分活度低至单水分子层吸附水平时,水产品中的水均处于结合水状态,此时稳定性最高。但是,当水产品中水分含量太低时,水产品表面的一些活性基团没有全部被水分子覆盖住,就会暴露在空气中与氧气发生作用,反而使脂肪氧化酸败的速度加快。

2. 对非酶褐变的影响

褐变是水产品干制过程中经常遇到的现象,褐变有酶褐变与非酶褐变之分。非酶褐变的最大速度出现在水分活度为0.6~0.9之间,在水分活度小于0.6或大于0.9时,非酶褐变速度将减小;当水分活度为0或1时,非酶褐变即停止。非酶褐变与水分活度的关系表现出上述变化的原因可能是由于水分活度的增大使参与褐变反应的有关成分在水溶液中的浓度增加，且在产品内部的流动性逐渐改善，从而使它们相互之间的反应几率增大，褐变速度逐渐加快。但是，当水分活度超过0.9后，由于与褐变有关的物质被稀释，且水分为褐变产物之一，水分增加将使褐变反应受到抑制。

二、水产品干制（脱水）过程

（一）干制过程的湿热传递

水产品的干制过程实际上是水产品从外界吸收足够的热量使其所含水分不断向环境中转移，从而导致产品中含水量不断降低的过程。该过程包括了热量交换和质量交换（水分及其他挥发性物质的逃逸）两个基本方面，因而也称作湿热传递过程，湿热传递过程的特性和规律就是水产品干制的机理。

当待干水产品从外界吸收热量使其温度升高到蒸发温度后，其表层水分将由液态变成气态并向外界转移，结果使水产品表面与内部之间出现水分梯度。在水分梯度的作用下，水产品内部的水分不断向表面扩散和向外界转移，从而使水产品的含水量逐渐降低。因此，整个湿热传递过程实际上包括了水分从水产品表面向外界蒸发转移和内部水分向表面扩散转移两个过程，前者称为给湿过程，后者称为导湿过程。

1. 给湿过程

当环境空气处于不饱和状态时，给湿过程即存在。水产品的表层在水分向外界蒸发后又被源源不断的内部水分所润湿，当待干水产品中含有大量水分时，这种情形与自由液面的水分蒸发相似。水产品表面蒸发水分的能力主要取决于干燥介质的流速及流向，一般与介质流速的增大成正比。另外，蒸发表面的状况也对水产品表面蒸发水分的能力有一定的影响，如粗糙的蒸发表面比光滑的蒸发表面具有更大的水分蒸发能力。总之，食品表面水分蒸发强度的大小取决于空气的温度、相对湿度、流速，待干水产品与水分蒸发有关的特性如蒸发面积和形状等因素。

2. 导湿过程

给湿过程的进行导致待干水产品内部与表层之间形成了水分梯度，在它的作用下，内部水分将以液体或蒸气形式向表层迁移，这就是所谓的导湿过程。在普通的加热干燥条件下，水产品中不仅存在水分梯度，而且还存在温度梯度，因此，水分既会在水分梯度的作用下迁移，也会在温度梯度的作用下扩散。后者被称作热湿传导现象或雷科夫效应，它是在多种因素作用下产生的复杂现象，主要包括下列具体表现：

(1)水分子的热扩散：它主要是以蒸气分子的流动形式进行的，这种流动是由水产品中的冷热层分子的不同运动速度引起的。

(2)毛细管传导：它取决于毛细管势的变化，而毛细管势与表面张力有关，表面张力随温度的升高而降低，从而使毛细管势增加，水分就以液体形式由较热层进到较冷层。

(3)水分在毛细管内夹持空气的作用下发生迁移：由于温度升高使毛细管内部夹持空气的体积膨胀，从而把水分挤向温度较低处。

综上所述，由热湿传导现象引起的水分流量与温度梯度成正比，在水产品的干燥过程中，可能同时存在导湿现象和热湿传导现象。因此，水产品的水分扩散总量等于两者水分扩散量之和，即：

$$q_m = q_{md} + q_{m\theta}$$

q_m为水产品表面水分蒸发强度或给湿强度（千克每平方米每小时）；q_{md}为水分的流通密度，即单位时间内流过等湿面的水分量；$q_{m\theta}$为水分热湿传导的流量密度（千克每平方米每小时）。在对流干燥时，水产品内部形成的温度梯度与湿度梯度相反，阻碍水分由内部向表面扩散，故水分扩散量应为：

$$q_m = q_{md} - q_{m\theta} = -\alpha_{md}\rho_0(\mathrm{grad}u - \delta\mathrm{grad}\theta)$$

如果温度梯度与湿度梯度的方向一致，则水分扩散总量为：

$$q_m = q_{md} + q_{m\theta} = -\alpha_{md}\rho_0(\mathrm{grad}u + \delta\mathrm{grad}\theta)$$

α_{md}为水分扩散系数（平方米每小时）；ρ_0为单位体积食品中绝对干物质的质量（千克每立方米）；δ为热梯度系数，即温度梯度为1℃每平方米时食品内部所建立的水分梯度；$\mathrm{grad}\theta$为温度梯度（摄氏度每米）。

在实际干燥时，温度梯度和湿度梯度的方向通常相反，而且温度梯度起着阻碍水分由内部向表层扩散的作用。但是在对流干燥的降率干燥阶段，往往会出现热湿传导现象占主导地位的情形，此时水产品表面的水分就会向它的内部迁移，由于其表面蒸发作用仍在进行，导致其表面迅速干燥，温度上升。只有当水产品内部因水分蒸发而建立起足够高的压力时，才能改变水分传递的方向，使水分重新扩散到表面蒸发。这种情形不仅延长了干燥时间，而且会导致水产品表面硬化。

(二)影响湿热传递的因素

水产品在干燥过程中湿热传递的速度除了受其比热、导热系数及导温系数等内在因素的影响外，还要受水产品表面积、干燥工艺参数等外部条件的影响。

1. 物料表面积

物料表面积越大，干燥效果越好。物料切制成薄片或小颗粒后，缩短了热量向产品中心传递和水分向产品表面移动的距离，增加了水产品和加热介质相互接触的表面积，为水产品内水分外溢提供了更多的途径，从而加速了水分蒸发和食品的脱水干制。

2. 温度的影响

温差越大，干燥速率越快。加热介质温度越高，它在饱和前所能容纳的蒸汽量就越多，因此干燥速率就越快。

3. 空气流速及干湿度的影响

提高空气流速可以增强湿热传递效果，及时将聚积在水产品表面附近的饱和湿空气带走，同时促使水分的进一步蒸发。脱水干制时，如用空气作干燥介质，空气越干燥，干燥速率就越快。近于饱和的湿空气进一步吸收蒸发水分的能力远比干燥空气差，因为饱和的湿空气不能继续吸收来自水产品的蒸发水分。干制品贮藏时，空气的平衡相对湿度也是必须加以考虑的重要因素，所用包装材料隔离水分的性能较差时，在高于干制品平衡相对湿度的空气中贮藏的干制品就会因吸潮而结块或变质。

4. 压力的影响

大气压力通常为101.3千帕，水的沸点为100℃，但如果在低于大气压力即在真空条件下，水的沸点也就相应下降。如果温度不变，而压力下降，则沸腾更加剧烈，因此在真空室内加热干制时，就可以在较低的温度下实现对水分的蒸发。这样做还可使干制品的品质疏松，干燥时间较短，尤其适合于热敏物料。

(三)脱水或干制的方法

干燥是指在自然条件或人工控制条件下使水产品中的水分蒸发的过程。脱水是指为保证产品品质变化最小，在人工控制条件下促使水分蒸发的过程。实际上脱水就是人工干燥，不管是采用自然干燥还是人工干燥(脱水)，都应考虑产品的质量要求、成本核算、原料产地的各项基础条件等。下面介绍几种常见的水产品干燥方法。

1. 晒干和风干

晒干是直接在阳光下暴晒原料，利用辐射能进行干制的过程。水产品接受辐射能后，其温度随之而上升，水产品表面的水分因受热而蒸发，空气的自然对流不断地将产品表层附近的饱和水蒸气带走，使干燥能够继续下去。在炎热干燥的地区或比较适合采用这种干燥方法的季节，水产品中的干制品几乎都采用这种方法，一些土法生产的鱼粉也多是用这种方法制备的。晒干和风干的特点是成本低，只需要一块向阳通风的场地，而不需设备以及能源等投资，渔获季节可以集中处理而不受设备容量的限制，它的不利之处是易受自然气象条件的限制、干燥时间长、卫生差，只适合制作半成品。

2. 空气对流干燥

空气对流干燥是将加热后的空气进行循环，用以对产品实施加温，促进水分的蒸发，同时除去产品表面的湿空气层的一种方法。具有代表性的热风干燥机是将原料排列在干燥用的网片上，将排列有鱼的十几张或几十张网片放在箱式干燥机或隧道式干燥机中。当过滤过的热空气在物料表面掠过时，进行湿热量与水分的交换，这种方法适合绝大多数对卫生、质量要求严格的水产品。

3. 冻干法

在夜间气温为 -5℃以下，白天气温升到 0℃以上的地区，可以通过这种温度变化的方法对水产品进行冻制干燥。将原料放置在室外洁净处，到了夜间原料中的水分由于冷空气的作用，大部分被冻结成冰。第 2 天当气温升高后，冰便融化，此时原料中大部分水溶性成分与水一起流失，通过这种夜间冻结、白天融化反复进行的方式使原料脱水干燥。这种方法制备的冻品呈多孔的海绵状，其复水性较日晒、风干品要好，但整个过程所需时间较长。

现在可以用冷冻干燥机来替代上述的天然冻结操作法。冷冻干燥法是将物料置于 -40 ~ -30℃的低温下进行急速冷冻，然后在 13.33 ~ 133.3 帕的低压干燥室内，由 -30℃到常温通过冰晶升华完成干燥过程。其原理是当水处在低于 609.28 帕的压力环境中，会出现升华，即由冰直接变成水蒸气。这种方法是在低温和真空下进行的，排除了高温和空气中氧对水产品的不利影响，所以水产品的颜色和营养成分几乎不发生变化（水溶性物质也未流失），也不会因干燥而收缩变形，而且冷冻干燥所形成的疏松多孔的组织结构还保证了水产品良好的复水性能。该方法适合高档水产品的干燥。

4. 真空干燥

真空干燥法是水产品原料在保持常温的减压状态下，加速水分蒸发的一种干燥方法。原料在真空状态下时，即使采用常温，原料中的水分仍能进行表面的蒸发和内部的扩散。从整个真空干燥过程来讲，以水分的内部扩散与表面蒸发同时进行为主，因而它比常压法的干燥速度快，且不易发生氧化、表面硬化及结壳现象，它的特点介于常压热风干燥和冷冻干燥之间。在生产中常采用的真空度为 533 ~ 667 帕，干燥时采用的温度为室温到 70℃。

三、几种水产品的脱水干燥保藏介绍

（一）淡干品

淡干品是指将原料水洗后，不经盐渍或煮熟处理而直接干燥的制品，其原料通常是一些体型小、肉薄、易干燥的水产品,如鱼卵、鱼肚等。淡干品由于原料组织的成分、结构和性质变化较少,故复水性较好,另外,由于原料组织中的水溶性物质流失少,能保持原有品种的良好风味。但是,由于淡干制品没有经过盐渍和煮熟处理,干燥前原料的水分较多,在干燥过程中容易腐败,并且在贮藏过程中,因酶的作用还易引起原料色泽和气味的变化。

(二)盐干品

盐干品是原料经过腌渍、漂洗后再进行干燥的制品,其原料通常是不宜进行生干和煮干的大、中型鱼类等。盐干品加工是把腌制和干制两种工艺结合起来的加工方式,食盐一方面在加工和贮藏过程中起着防止腐败变质的作用,另一方面能使原料脱去部分水分,有利于干燥,所以盐干特别适合于大中型鱼类的加工,也适合来不及处理或因天气条件无法及时干燥的情况下采用。

(三)煮干品

煮干品是由新鲜水产品经煮熟后再进行干燥的制品。炊煮时既可加5%~10%的盐水煮,也可以先盐渍后水煮。其目的是促进原料在煮熟时脱水,并使制品具有好的味道和颜色。

水产品在干燥前经过煮熟后,原料内外的微生物均被杀死,组织中的酶也被破坏,因而不仅阻止了干燥过程中的自溶作用,也防止了原料在干制过程中的腐败。加热可使原料中的蛋白质凝固和组织收缩,脱去一部分水分,使原料水分减少。同时由于肌肉蛋白质的凝固和收缩,以及皮层组织中部分胶质和脂肪的溶出,肌肉和皮层组织疏松,减少了原料黏稠性,有利于干燥时水产品体内水分的扩散和防止皮层结壳,从而加速水分的蒸发,缩短干燥时间。煮干品具有质量较好、贮藏时间长和食用方便的优点。但经水煮后,一部分水溶性物质流失到煮汁中,影响了干品的风味和生成率,此外干燥后制品的复水性差,组织坚韧,不易咀嚼,外观也不好看。

(四)半干半潮制品

半干半潮制品实际上就是对水产品进行部分脱水,使可溶性固形物的浓度高到足以缚住残余水分的一类产品,它是干制品中一种高含水量的产品。要保持水产品的鲜度,除了要能抑制微生物和酶的生物活性外,还要最大限度地保持其原有的色、香、味、营养、质地等属性。普通干制方法虽说可以保持其鲜度,但是其质地坚硬,复水性差,所以现在普通干制加工量在整个水产品加工总量中所占的比例由1980年的53.4%下降到1995年的12.6%。与此同时,冷冻品的比例大幅度提高,原因是冷冻保鲜品与原料特性最接近,市场需求量大。

半干半潮水产品解决了普通干制品质地坚硬的缺点,它的含水量一般在20~50%,水分活度处于0.70~0.90之间。大多数重要的细菌在水分活度低于0.95时就不会生长，但是真菌在水分活度 0.80 以上仍然会繁殖，只有水分活度低于 0.65 时真菌才会完全停止繁殖，此时的含水量在 20% 左右，产品很硬，难以咀嚼。所以要想使水分活度在 0.90 以下的微生物不能增殖，还应辅以其他方法。添加山梨酸钾一类的防腐剂可以抑制真菌的生长，调节 pH 到酸性条件下也能抑制部分细菌的生长，添加糖、甘油、丙二醇等化合物可以在含水量不变的情况下降低水分活度，抑制细菌的生长，应用真空包装技术可以有效地阻止好氧菌的繁殖。

栅栏效应理论在半干半潮水产品的生产中有着较好的指导意义。其基本原则是通过合理地设置若干个强度不同的栅栏因子，并通过它们之间的交互作用形成特有的防止产品腐败变质的栅栏，从几个不同的方面阻止微生物的生长繁殖，避免单一的高强度防腐方法对产品造成感官等品质的劣化。前面提及的防腐剂、pH、降低水分活度的束水剂、真空包装等等都是一道道栅栏，可以单一使用，也可以共同使用，其最终目的就是用小的强度和成本来抑制微生物的繁殖，最大限度地保持产品原有的鲜度。

第二节　淡水鱼产品在干制过程中理化性质的变化

一、物理变化

水产品在干制过程中因受热和脱水双重作用的影响，将发生显著的物理变化，主要有重量减少、干缩和表面硬化等。

（一）干缩

水产品在干燥时，因水分被除去而导致体积缩小，肌肉组织细胞的弹性部分或全部丧失的现象称作干缩，干缩的程度与水产品的种类、干燥方法及条件等因素有关。一般情况下，含水量多、组织脆嫩者干缩程度大，而含水量少、纤维质食品的干缩程度较轻，与常规的干燥制品相比，冷冻干燥制品几乎不发生干缩。在热风干燥时，高温干燥比低温干燥所引起的干缩更严重，缓慢干燥比快速干燥引起的干缩更严重。

干缩之后有可能产生多孔性结构。当快速干燥时，由于水产品表面的干燥速度比内部水分迁移速度快得多，因而水产品表面迅速干燥硬化。在内部继续干燥收缩时，内部应力将使组织与表层脱开，干制品中就会出现大量的裂缝和孔隙，形成所谓的多孔性结构。多孔性结构的形成有利于干制品的复水和减小干制品的松密度（指单位体积的制品中所含干物质的量）。但是，多孔性结构的形成使氧化速度加快，不利于干制品的贮藏。

（二）表面硬化

表面硬化是指干制品外表干燥而内部仍然软湿的现象。有两种原因会造成表面硬化，其一是由于水产品干燥时，其内部的溶质随水分不断向表面迁移并积累在表面形成结晶所造成的；其二是由于水产品表面干燥过于强烈，内部水分向表面迁移的速度滞后于表面水分汽化速度，从而使表面形成一层干硬膜所造成的。前者常见于含糖或含盐多的水产品的干燥，如盐干品。后者与干燥条件有关，是可以调控的，比如可以通过降低干燥温度、提高相对湿度或减小风速来控制。发生表面硬化后，水产品表层的透气性将变差，使干燥速度急剧下降，延长了干燥过程。另外，在表面水分蒸发后，产品的温度也会大大升高，这将严重影响产品的外观质量。

（三）溶质迁移现象

水产品在干燥过程中，其内部除了水分会向表层迁移外，溶解在水中的溶质也会迁移。溶质的迁移有两种趋势：一种是由于干燥时表层收缩使内层受到压缩，导致组织中的溶液穿过孔穴、裂缝和毛细管向外流动，迁移到表层的溶液蒸发后，溶质的浓度将逐渐增大；另一种是在表层与内层溶液浓度差的作用下出现的溶质由表层向内层迁移。上述两种方向相反的溶质迁移的结果是不同的，前者使内部的溶质分布不均匀，后者使溶质分布均匀化。干制品内部溶质的分布是否均匀，最终取决于干燥速度，即取决于干燥的工艺条件，只要采用适当的干制工艺条件，就可以使干制品内部溶质的分布基本均匀。

二、化学变化

众所周知，干制品在复水和烹煮后，显得较为老韧和缺乏汁液，与新鲜水产品相比存在明显的差别。其主要是干制过程中发生了各种化学变化和组织学变化。

（一）蛋白质脱水变性

含蛋白质较多的干制品在复水后，其外观、含水量及硬度等均不能回到新鲜时的状态，这主要是由于蛋白质脱水变性而引起的。蛋白质在干燥过程中的变化程度主要取决于干燥温度、时间、水分活度、pH、脂肪含量及干燥方法等因素。

干燥温度对蛋白质在干制过程中的变化起着重要作用。一般情况下，干燥温度越高，蛋白质变性速度越快。干燥时间也是影响蛋白质变性的主要因素之一，一般情况下，干燥初期蛋白质的变性速度较慢，而后期较快，但蛋白质在冻结干燥过程中的变性与此相反，呈初期快后期慢的模式。干燥方法对蛋白质的变性有明显的影响，与普通干燥法相比，冻结干燥法引起的蛋白质变性要轻微得多。关于脂质与蛋白质变性之间的关系，已进行了较多的研究，通常认为脂质对蛋白质的稳定有一定的保护作用，但脂质氧化的产物将促进蛋白质的变性。

蛋白质在干燥过程中的变性机理包含两个方面，一是热变性，即在热的作用下，维持蛋白质空间结构稳定的氢键、二硫键等被破坏，改变了蛋白质分子的空间结构而导致变性；二是由于脱水作用使组织中溶液的盐浓度增大，蛋白质因盐析作用而变性。另外，氨基酸在干燥过程中的损失也有两种机制，一种是通过与脂肪自动氧化的产物发生反应而损失氨基酸；另一种是通过参与美拉德反应而损失氨基酸。

（二）脂质氧化

虽然干制品的水分活度较低，脂酶及脂氧化酶的活性受到抑制，但是由于缺乏水分的保护作用，因而极易发生脂质的自动氧化，导致干制品的变质。迄今为止，人们已对干制品脂质的氧化进行过大量的研究，结果表明，脂质的氧化速度受到干制品种类、温度、相对湿度、脂质的不饱和度、氧的分压、紫外线、金属离子、血红素等多种因素的影响。通常，含脂量越高且不饱和度越高，储藏温度越高，氧分压越高，脂质氧化程度越大，同时与紫外线接触以及存在铜、铁等金属离子和血红素，将促进脂质的氧化。

脂质氧化不仅会影响干制品的色泽、风味，而且还会促进蛋白质的变性，使干制品的营养价值和食用价值降低甚至完全丧失，因此应采取适当措施予以防止。这些措施包括降低储藏温度、采用适当的相对湿度、真空包装、使用脂溶性抗氧化剂等。

（三）变色

水产品干制后会因所含色素物质，如类胡萝卜素、花青素、肌红素、叶绿素等的变化而出现各种颜色的变化，比如变黄、变褐、变黑等，其中最常见的变色是褐变。引起褐变的原因有两种，一是多酚类物质如单宁等在组织内多酚氧化酶的作用下生成褐色的化合物——类黑素而引起的褐变；二是非酶褐变，在干制品中引起褐变的原因主要是后者。非酶褐变包括两种情形：一种是美拉德褐变，即还原糖与氨基酸反应引起的褐变；另一种是由脂质氧化产物与蛋白质反应引起的褐变。后者主要包括以下步骤：①脂质过氧化物的形成。②蛋白质活性基团与过氧化物，及与羰基过氧化物的分解产物的相互作用产生无色或有轻微颜色的褐色色素前体。③色素前体转变成褐色色素。事实上，上述两种非酶褐变之间并无本质区别，都是羰基与氨基之间的复杂反应。

非酶褐变亦受温度、水分活度、pH 及脂质氧化等因素的影响。储藏温度越高，非酶褐变速度越快；中等水分活度时非酶褐变速度较快，过高或过低的水分活度均不利于非酶褐变；在 pH 为中性或酸性时，非酶褐变将受到抑制，而偏碱性的 pH 有利于非酶褐变。脂质氧化程度较大时，由于产生的羰基化合物较多，非酶褐变速度也较快。

非酶褐变将引起干制品的有效赖氨酸量降低,影响蛋白质褐脂质在体内和体外的消化率,从而降低其生物学价值。如果非酶褐变非常严重,那么就会产生毒性产物如前类黑精等,因此,非酶褐变是干制品储藏中不希望出现的现象。维持较低的水分活度、降低储藏温度、使用二氧化硫或亚硫酸盐及抗氧化剂、真空包装等,都是防止或减缓非酶褐变的有效手段。

三、组织学变化

干制品在复水后,其口感、多汁性及凝胶形成能力等组织特性均与生鲜水产品存在差异。这是由于水产品中的蛋白质因干燥变性、肌肉组织纤维的排列及显微构造因脱水而发生的变化,降低了蛋白质的持水力,增加了组织纤维的韧性,导致干制品复水性变差,复水后的口感较为老韧,缺乏汁液。

水产品干制过程中组织特性的变化主要取决于干燥方法。常压空气干燥的鱼肉组织呈黏着而紧密的结构,仅有较少的纤维空隙,且分布不均匀,其组织特性与鲜鱼肉的组织特性相差甚大,因而在复水时速度极慢且程度较小,故口感干硬如嚼橡胶,凝胶形成能力基本丧失。真空干燥法干燥的鱼肉复水后,纤维的聚集程度较常压干燥的鱼肉低,且纤维间的空隙较大,因此,其组织特性要优于前者。而采用真空冻干法干燥的鱼肉在复水后,基本保持了冻结时所形成的组织结构,与鲜鱼肉的组织结构相比较,冻干鱼肉的组织纤维排列更紧密,纤维间的空隙更大,但两者的区别并不十分明显。因此,冻干鱼肉的复水速度快且程度高,口感较为柔软多汁,且有一定的凝胶形成能力。

不同干燥方法对肌肉组织特性的影响也可从它们的复水性得到说明。冻干鱼肉的最初复水速度极快,且复水程度最高,这主要是由于冻干鱼肌肉中纤维间隙分布广泛而均匀,因此水分容易在毛细管作用下经过间隙,迅速渗透到鱼肉的各个部位。而在空气干燥的鱼肉中,由于组织纤维紧密聚合,水分只能依靠蛋白质本身的扩散作用进入鱼肉组织中,因此其复水过程极为缓慢。真空干燥的鱼肉的纤维聚合程度高于冻干鱼肉而低于空气干燥鱼肉,纤维间隙多于空气干燥鱼肉而少于冻干鱼肉,因而其复水性居于冻干鱼肉和空气干燥鱼肉之间。

四、干制品的干燥比和复水性

(一)干制品的干燥比

干制品的耐藏性主要取决于干制后水产品的水分含量。水分含量一般是按照湿重计算，但干制过程中，水产品的干物质基本上不变，而水分却不断变化，为了正确掌握水产品中水分变化情况，也可以按干物质量计算水分百分含量。干制品的干燥比则是干制前原料质量和干制品质量的比值，即每生产 1 千克干制品需要的新鲜原料质量（千克），干燥比反映了产品的生产成本等。

（二）干制品的复水性和复原性

干制品复水后恢复原来新鲜状态的程度是衡量干制品品质的重要指标。干制品的复原性就是干制品重新吸收水分后在重量、大小、形状、质地、颜色、风味、成分、结构以及其他可见因素等各个方面恢复到原来新鲜状态的程度。在这些衡量品质的因素中，有些可用数量来衡量，而另一些只能用定性方法来表示。干制品复水性就是新鲜水产品干制后能重新吸回水分的程度，一般常用干制品吸水增重的程度来衡量，而且这在一定程度上也是干制过程中某些品质变化的反映。为此，干制品复水性也成为干制过程中控制干制品品质的重要指标。

实际上，任何一种动植物性食物干制时，它们的某些特性经常由于物料内不可逆性的变化而遭受损害。为此，选用和控制干制工艺必须遵循的准则就是尽可能减少因这类不可逆性变化所造成的损害。冷冻干燥制品复水迅速，基本上能恢复原来的一些物理性质，因而冷冻干燥已成为干燥技术重要进展的一种标志。

干制品的复水并不是干燥历程的简单反复，这是因为干燥过程中所发生的某些变化并非可逆。干制品复水性下降，有些是细胞和毛细管萎缩和变形等物理变化的结果，但更多的还是胶体中物理变化和化学变化所造成的结果。水产品失去水分后盐分的增浓和热的影响就会促使蛋白质部分变性，失去再吸水的能力或水分相互结合，同时还会破坏细胞壁的渗透性。淀粉在热力的影响下同样会发生变化，以致它们的亲水性有所下降。细胞受损伤（如干裂）和起皱后，在复水时就会因糖分和盐分的流失而失去保持原有饱满状态的能力。正是这些以及其他一些化学变化降低了干制品的吸水能力，达不到原有的水平，同时也改变了水产品的质地。

复水试验主要是测定复水试样的沥干重。这应按照预先制定的标准方法，在严密控制的温度和时间的条件下，用浸水或沸煮方法让定量干制品在过量水中复水，用水量可随干制品干燥比而不同，但干制品应始终浸没在水中，复水的干制品沥干后就可称取它的沥干重或净重。为了保证所得数据的可靠性和可比较性，复水试验方法应根据试验对象和具体情况预先标准化，操作时应严格遵守。复水比（$R_{复}$）简单来说就是复水后沥干重（$G_{复}$）和干制品试样重（$G_{干}$）的比值。复水时，干制品常会因一部分糖分和可溶性物质的流失而失重，它的流失量虽然并不少，但一般都不予以考虑，否则就需要进行广泛的试验和仔细地进行复杂的质量平衡计算。

复重系数（$K_{复}$）就是复水后制品的沥干重（$G_{复}$）和同样干制品试样量在干制前

的相应原料重($G_{原}$)之比。

$K_{复}=G_{复}/G_{原}\times100\%$

只有在知道测定干制品的原料重($G_{原}$)的情况下才能计算,但在一般情况下却为未知数,只有根据干制品试样重($G_{干}$)以及原料和干制品的水分($W_{原}$和$W_{干}$)等一般可知数据,才能计算。

$G_{复}=(G_{干}-G_{干}W_{干})/(1-W_{原})$

重复系数($K_{复}$)也是干制品复水比和干燥比的比值。其式如下:

$K_{复}=R_{复}/R_{干}=(G_{复}/G_{干})/(G_{原}/G_{干})\times100\%$;$R_{干}$为物料干燥前后的重量比。

第三节　干制品主要生产工艺

一、腊鱼的生产工艺

食盐腌制是最古老的鱼肉保藏方法之一,鱼肉的食盐腌制包括腌渍和熟化两个阶段。腌渍就是鱼肉与固体食盐接触或浸于食盐水中,食盐向鱼肉中渗入,同时一部分水分从鱼肉中除去,从而使鱼肉的水分活度降低,以达到抑制腐败变质的作用。

腊鱼风味独特,是我国一种重要的传统食品,其生产工艺主要包括腌渍和干燥成熟两个步骤。腌渍过程中由于食盐溶液的渗透作用,鱼肉中的氯化钠含量不断增加,而其中的盐溶性蛋白等逐渐渗入盐卤中,导致盐卤中蛋白质含量提高。腌制期间鱼肉蛋白质变性是影响腌鱼制品的口感和品质的主要因素之一。

(一)原料

原料可为鲜活青鱼、草鱼、鲤鱼、鲢鱼、鳙鱼等,个体在1千克左右较佳。

(二)工艺流程

原料鱼→冲洗→前处理(去鳞、去头、去内脏)→洗净→腌渍(干腌制或湿腌制)→熟化→干燥→包装→冷藏。

(三)操作要点

(1)前处理:洗净血污。

(2)干法腌制:常温下,采用重量为鱼肉体重的10%~12%食盐对鱼肉进行揉搓、涂抹,然后发生6~8小时的熟化。

(3)湿法腌制:将食盐用水溶解后,使其浓度达10%左右,将鱼肉放入食盐水中进行浸泡或采用抽真空技术将食盐水注入鱼体内,然后熟化4~6小时。

(4)干燥:将腌制好的鱼肉在日光下或采用鼓风干燥机40℃左右进行干燥,使产品水分大量蒸发，直至水分基本挥发完为止。

(5)包装：将出冻后的鱼片包冰衣后装入聚乙烯薄膜袋或铝膜袋内。

(6)冷藏：于 -18℃以下冷库中冷藏。

二、风味鱼干的生产工艺

传统风味鱼干在我国南方地区，以及东南亚等国有着广阔的消费市场，其生产大多采用自然接种和长期发酵来形成其特有的风味。国外通过添加蒸煮的大米和大蒜末对鱼肉进行自然发酵生产出传统发酵鱼产品。其工艺如下：

(一)原料

原料可为鲜活青鱼、草鱼、鲤鱼、鲢鱼、鳙鱼等。

(二)工艺流程

原料鱼→冲洗→前处理(去鳞、去头、去内脏)→洗净→腌渍(湿腌制)→接种发酵剂→发酵→干燥→包装→冷藏。

(三)操作要点

(1)前处理：洗净血污。

(2)腌制：常温下，采用浓度达 10% 食盐及 1% 的白砂糖对鱼体进行浸泡或采用抽真空技术将盐水注入鱼体内。

(3)接种发酵：接种乳酸菌(产酸菌)和葡萄球菌(产香菌)，二者比例为 1∶2。

(4)发酵：35℃下发酵 10 小时。

(5)干燥：将腌制好的鱼肉在日光下或采用鼓风干燥机 40℃左右进行干燥，使产品水分大量蒸发，直至水分基本挥发完为止。

(6)包装：将出冻后的鱼片包冰衣后装入聚乙烯薄膜袋或铝膜袋内。

(7)冷藏：于 -18℃以下冷库中冷藏。

三、烟熏香糟鱼的生产工艺

烟熏香糟鱼是一类深受消费者喜欢的产品，其腌制方法直接影响产品的品质。利用酒糟为调味基料，加上辅助调味料，综合腌制、糟制、烟熏的各自特点，产品风味独特。

(一)原料

原料可为鲜活青鱼、草鱼、鲤鱼、鲢鱼、鳙鱼等，个体规格在 1 千克左右。

(二)工艺流程

鲜活鲤鱼→洗涤→去鳞→剖割→去内脏及鱼头→清洗→低温腌制→真空干燥

→浸渍调味料→干燥→熏制→包装→冷藏。

(三)操作要点

(1)前处理:洗净血污。

(2)腌制:常温下,采用浓度达10%食盐对鱼体进行浸泡,或采用抽真空技术将溶液水注入鱼体内。

(3)干燥:将腌制好的鱼肉在日光下或采用鼓风干燥机于40℃左右进行干燥,使产品水分大量蒸发,直至水分基本挥发完为止。

(4)熏制:利用木屑材料的不完全燃烧而产生的烟进行熏制,熏制时间视烟大小而定。

(5)包装:将出冻后的鱼片包冰衣后装入聚乙烯薄膜袋或铝膜袋内。

(6)冷藏:于-18℃以下冷库中冷藏。

第四节　干制品生产的主要设备及参数

淡水鱼干制品生产的基本工序包括清洗、宰杀、去鳞、漂洗、脱水、干燥、包装,本节将介绍淡水鱼干制品加工中常用的机械设备。鱼的分级、定向整理、去头、去鳞和去内脏的主要设备和参数参照第二章第三节中鱼体剖杀主要技术和设备。

一、自动杀鱼机

自动杀鱼机是自动对鱼进行刮鳞、剖腹、挖肠的专业设备,对与鱼身各部位接触的合适压力值都是通过电气技术来实现的,自动杀鱼机的实图如图4-1所示。

图4-1　自动杀鱼机实图

设备特点：

(1)可以加工 0.25 ~4 千克的白鲢、花鲢、鳊鱼、草鱼、青鱼、鲤鱼等各种鱼类。

(2)鱼鳞去除干净,不伤鱼皮及鱼鳍,鱼的外形美观,不影响鱼的烹饪效果。

(3)去除鱼鳞的同时开膛去除内脏,开膛准确,内脏去除干净,不破坏鱼胆。

(4)开膛的同时自动喷水,把鱼腹内冲洗干净。

(5)工作效率高,省时省力。

二、真空泵

真空泵是指利用物理和化学的方法对被抽容器进行抽气而获得真空条件的器件或设备。通俗来讲,真空泵是用各种方法在某一封闭空间中改善、产生和维持真空环境的装置。按工作原理,真空泵可以分为气体捕集泵和气体传输泵,其广泛用于冶金、化工、食品、电子镀膜等行业。真空泵的实图如图 4 -2 所示。

设备特点：

(1)在较宽的压力范围内有较大的抽速。

(2)转子具有良好的几何对称性,振动小,运转平稳。转子间及转子和壳体间均有间隙,不需要润滑,摩擦损失小,可大大降低驱动功率,从而实现较高转速。

(3)泵腔内无需用油密封和润滑,可减少油蒸气对真空系统的污染。

(4)泵腔内结构简单、紧凑,对被抽气体中的灰尘和水蒸气不敏感。

(5)压缩比较低,对氢气抽气效果差。

(6)转子表面为形状较为复杂的曲线柱面,检查和维修比较困难。

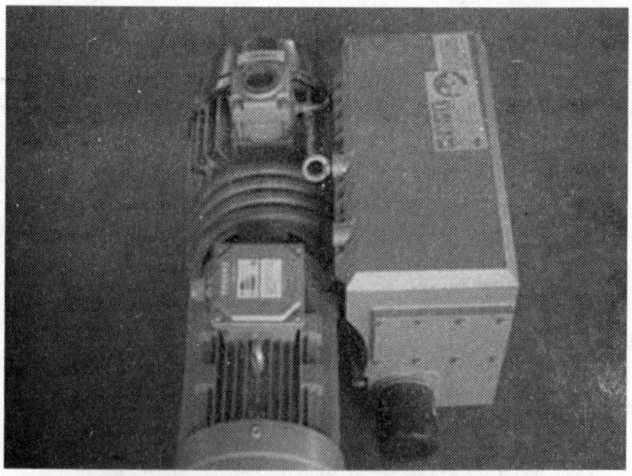

图 4 -2　真空泵实图

三、真空干燥机

真空干燥机是将被干燥物料置于真空条件下进行加热干燥的设备。它是利用真空泵进行抽气抽湿，使工作室内形成真空状态，从而加快物料的干燥速率。

设备特点：

(1)能在较低温度下得到较高的干燥速率，热量利用充分。

(2)蒸发操作的热源，可采用低压蒸汽或热水。

(3)能干燥含有溶剂及需回收溶剂的物料。

(4)热损失小，热效率高。

(5)适用于在高温下易分解、聚合和变质的热敏性物料的干燥。

(6)在干燥前可进行消毒处理，干燥过程中任何不纯物均无混入。

(7)属于静态式真空干燥器，故干燥物料的形体不会损坏。

四、双室真空包装机

双室真空包装机是利用其真空室对包装进行抽真空，然后再充入惰性气体以达到防腐保质的目的的设备。全自动双室真空包装机是专为包装含水量大的产品而设计的，具有防水、防潮、故障率低、使用寿命长等优点。这些优点使该设备便于清洗，就算用水直接冲洗也不会发生任何电器故障；架体采用国际标准食品用 304 不锈钢板，强度高，不易破损；它独特的倾斜台面设计，可以保证产品内的水分不流失，从而使产品的含水真空包装更易操作。双室真空包装机的实图如图 4 –3 所示。

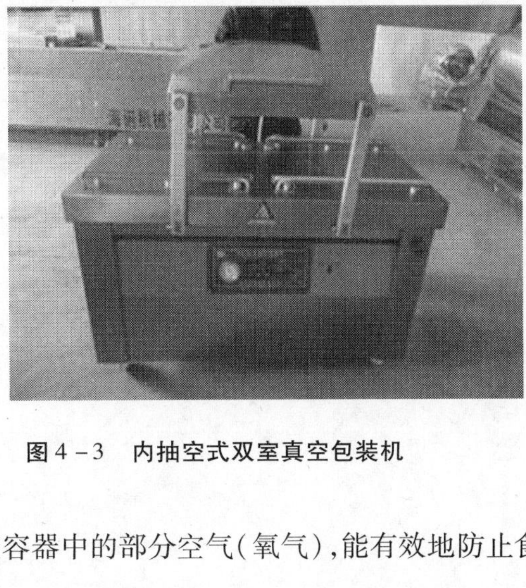

图 4 –3　内抽空式双室真空包装机

设备特点：

(1)排除了包装容器中的部分空气(氧气)，能有效地防止食品腐败变质。

(2)采用阻隔性(气密性)优良的包装材料及严格的密封技术和要求,能有效防止包装内物质的交换,即可避免食品减重、失味,又可防止二次污染。

(3)真空包装容器内部气体已排除,加速了热量的传导,这即可提高热杀菌效率,也避免了加热杀菌时由于气体的膨胀而使包装容器破裂。

第五章 大宗淡水鱼腌制加工技术

淡水鱼腌制技术是指一种利用食盐和水分子的扩散和渗透作用使淡水鱼含水量减少、含盐量增加,进而达到抑制微生物的生长繁殖、延长产品保质期、改变鱼肉组织物理化学特性、使其具有某种特定风味的技术。近年来,随着人们生活水平的不断改善,对食品质量的要求也不断提高,传统腌鱼的缺陷逐渐突显:含盐量高,食用前需要较长时间的脱盐处理;鱼肉质地较硬;腌鱼特别是多脂鱼,在贮藏过程中脂肪易发生氧化哈败而变质;腌制加工过程中往往缺乏卫生质量控制,存在食用安全的潜在危害。因此,目前腌制品所占比例有所下降,大约占整个水产加工制品的2%~3%。纵然腌制品的市场占有量不如从前,但腌制能赋予鱼制品独特的风味和口感,同时达到有效延长淡水鱼保藏时间的目的,因此仍受到特定消费者的喜爱。

第一节　腌制加工原理

淡水鱼肉含水量高、鱼体内组织酶活跃,因此腐败速度快、较难保藏。一般淡水鱼体内组织蛋白酶的活性约在25℃左右最强,此温度接近室温,因此淡水鱼的自溶作用速度比海水鱼快,很容易造成腐败变质。此外,淡水鱼的肌原纤维蛋白在冷冻过程中容易变性，尤其是鲢、鳙鱼的抗冻性能较差，蛋白质变性失味等问题比较明显，腌制是一种利用食盐使水产品组织脱水，进而有效减缓淡水鱼腐败、延长其保存期的方法。

一、腌制原理

大宗淡水鱼的腌制主要以食盐为媒介，腌制过程包括盐渍和成熟两个阶段。盐渍就是食品与固体食盐接触或浸于食盐水中，利用鱼肌细胞内盐分浓度与溶液中盐分浓度之间的浓度差，促使食盐不断向鱼肌内扩散，同时鱼肌内的一部分水分子向盐溶液中渗透，从而使鱼肉中水分活度降低，达到抑制淡水鱼腐败变质的作用。在淡水鱼盐渍过程中，食盐扩散和鱼肉中水分向外渗透一直在持续，直至肌细胞膜内外两侧浓度达到平衡，浓度差消失，渗透压降至零，此时便达到盐渍平衡。成熟即指鱼肌内发生的一系列生物化学变化，包括：①蛋白质在酶的作用下分解成短肽和氨基酸，非蛋白质含量增加，风味变佳。②在嗜盐菌解脂酶的作用下，鱼体内的部分脂肪被分解，产生小分子挥发性醛类物质，因而使得腌制鱼具有一定的芳香味。③肌肉组织大量脱水，一部分肌浆蛋白质丧失水溶性，肌肉组织的网络结构发生变化，鱼体肌肉组织收缩而变得坚韧。鱼体在淡水鱼盐渍和成熟过程中不仅发生了一系列的生物化学变化，腐败微生物也因脱水作用导致质壁分离进而大大降低生长代谢速率，淡水鱼自身的酶也因高盐下蛋白质的变性而丧失活性，因此淡水鱼腌制品能在较长时间内完好保藏。

利用食盐使鱼体和污染鱼体的微生物菌体脱水，同时在形成的卤水中，部分食盐透过细胞膜扩散渗入到鱼体内与残留水分形成高渗透压溶液，从而抑制了大部分致病性或致腐性微生物的生长，使腌制品具备良好的保藏性能。抑制各类微生物生长的有效食盐溶液浓度为10% ~26%。在这浓度范围内，食盐溶液浓度越高，对微生物的抑制作用越大。与水分活度对应的食盐溶液浓度及其对微生物的抑制作用如表5－1所示。

表5－1　几种微生物被抑制的最低水分活度界限

微生物	被抑制的最低水分活度界限	与最低水分活度相对应的食盐溶液浓度/%
大多数腐败细菌	0.91	13.0
大多数腐败酵母菌	0.88	16.2
大多数腐败霉菌	0.80	23.1

续表

微生物	被抑制的最低水分活度界限	与最低水分活度相对应的食盐溶液浓度/%
嗜盐菌	0.75	饱和
耐旱真菌	0.65	过饱和
耐高渗透压酵母	0.60	过饱和

高渗透压溶液除了可降低水分活度以抑制细菌生长外，还能使细菌的原生质分离，溶解氧减少，以及使蛋白质分解酶的活力被抑制等，食盐主要是通过抑制微生物的生长繁殖来实现防腐作用。

（一）食盐溶液对微生物细胞的脱水作用

微生物正常的生长繁殖需要在等渗的环境中进行。如果微生物处在低渗的环境中，环境中的水分会穿过微生物的细胞壁并通过细胞壁向细胞内渗透，使微生物细胞呈膨胀状态，如果内压过大，就会使原生质胀裂，微生物无法生长繁殖。如果微生物处于高渗的溶液中，细胞内的水分就会透过原生质膜向外渗透，结果是细胞的原生质因脱水而与细胞壁发生质壁分离，并最终使细胞变形，微生物的生长活动受到抑制，脱水严重时还会造成微生物的死亡。

食盐溶液具有很高的渗透压，1%食盐溶液可以产生61.7千帕的渗透压，而大多数微生物细胞内的渗透压为30.7～61.5千帕。食品腌制时，腌制液中食盐的浓度大于1%，因此腌制液的渗透压很高，对微生物细胞会发生强烈的脱水作用，导致质壁分离，使微生物的生理代谢活动呈抑制状态，造成微生物停止生长或者死亡，从而达到防腐的目的。

（二）食盐溶液能降低水分活度

盐溶于水后会解离为钠离子和氯离子，并在其周围聚集一群水分子，形成水合离子。食盐的浓度越高，所吸引的水分子也就越多，这些被离子吸引的水就变成了结合水状态，导致自由水的减少，水分活度下降。溶液的水分活度随食盐溶液浓度的增大而下降，在饱和食盐溶液（26.5%）中，由于水分全部被离子吸引，没有自由水，因此，所有的微生物都不能生长。

（三）食盐溶液对微生物产生生理毒害作用

食盐溶液中含有钠离子、镁离子、钾离子和氯离子，这些离子在高浓度时能对微生物产生毒害作用，主要是由于钠离子能和原生质中的阴离子结合产生毒害作用。pH能加强钠离子对微生物的毒害作用，一般情况下，酵母菌在20%的食盐溶液中才会被抑制，但在酸性条件下，14%的食盐溶液就能抑制其生长。氯化钠对微生物的毒害作用也可能来自氯离子，因为氯离子也会与细胞原生质结合，从而促使细胞死亡。

（四）食盐溶液中氧浓度的下降

食品腌制时使用的盐水或渗入食品组织内形成的盐溶液浓度很高，使得氧气的溶解度下降，从而形成缺氧环境，使得一些好气性微生物的生长受到抑制。鱼肉在腌制过程中，食盐用量越多，渗透速度、渗透量也就越大，食盐的渗透速度在初期时很快，随后下降，不久后就几乎完全停止下来。

盐分向鱼体渗透并到达肌肉的各个部位需要一定时间，其时间长短与鱼的大小和种类、腌制方法、盐溶液的浓度等有关。在食盐渗透的同时，细菌的生长也在进行，如果细菌增殖的速度很快，以至于在食盐渗透到鱼体中心之前鱼便发生了腐败，这样腌制出来的成品质量就差，甚至不能食用。为了缩短食盐的渗透时间，大鱼必须切开后腌制，并在腌制前清洗鱼体，以减少鱼体的带菌量。

二、腌制方法

腌制是烟熏、干制、卤制等处理的前期处理步骤，它是世界范围内具有悠久历史的延长鱼体货架期的方法之一。腌制方法包括很多种，如食盐腌制法、盐醋腌制法、盐糟腌制法、酱油腌制法、盐矾腌制法、盐酒腌制法等，其中，食盐腌制法是最基本、最常用的腌制方法。按照用盐方式的不同，可将食盐腌制法分为干腌法、湿腌法和混合腌制法。

（一）干腌法

干腌法是指将干盐或混合盐擦涂在食品表面，然后层堆在腌制架上或者层装在腌制容器中，各层间还应均匀地撒上食盐，各层依次压实，在外加压或者不加压的条件下依靠外渗汁液形成盐液进行腌制的方法。干腌法具有鱼肉脱水率高、处理量大、操作简便、营养成分流失较少以及盐溶解时吸热降低了物料温度而有利于贮藏等优点，但与此同时，干腌法也具有腌制不均匀、失重大、咸味重、鱼体外观较差、腌制时间长、脂肪氧化较为严重等缺点。

（二）湿腌法

湿腌法是食盐以盐水溶液的形式存在对鱼体进行腌制的方法，即在容器中将鱼体浸没在预先配制好的食盐溶液中，腌制剂通过扩散和水分转移直至鱼肉组织内、外盐溶液浓度达到动态平衡的腌制方法。由于盐水的相对密度大于鱼体相对密度而使鱼上浮，所以鱼的上面要加重物。该法制备的物料适合做干制或腌熏制品的原料，既方便又迅速，但不宜用于生产咸鱼。这种方法的优点是食盐渗透得比较均一，盐腌过程中因鱼体不易氧化，不会产生过度脱水而影响鱼的外观。不足之处是耗盐量大、所用容器设备多、工厂占地面积大、所需劳动力高等。

（三）混合腌渍法

混合腌渍法又称改良腌渍法，是干腌法和湿腌法相结合的方法，比较适合用于腌制多脂鱼。是将鱼体在干盐中滚蘸盐粒后，以层盐层鱼的方式排列在腌制容器中腌制一昼夜，再注入一定量的饱和食盐水进行腌制，防止鱼体在腌制时盐浓度被稀释。这样盐水就不至于被冲淡，克服了干法易氧化、湿法速度慢的缺点。

此外根据鱼在腌制过程中是否经过降温处理又分为热腌法、冰冻盐渍法和冷腌法。热腌法即是常温下的盐腌法；冰冻盐渍法是把冰和盐混合起来盐渍鱼的方法，用以降低鱼体温度，保证成品的质量；冷腌法是预先使鱼冷却再腌制的方法，目的也是为了预防鱼体内部鱼肉的腐败。

第二节　加工因素对淡水鱼腌制的影响

腌制是在世界范围内有悠久历史的延长鱼体货架期的方法之一，目前在许多国家的水产加工业中仍占有相当重要的地位。腌制是烟熏、干制、卤制等处理的前期处理步骤，干腌和湿腌是两种常用的腌制方法，湿腌较干腌具有产量高的优点。近年来醋腌和真空滚揉腌制方式越来越流行，醋腌具有抑制微生物繁殖等优点。真空滚揉腌制有效率高，腌制产品盐含量均匀等特点，特别是对体积较大的产品，真空滚揉腌制方式的优点更为明显。由此可以看出不同加工因素对淡水鱼腌制影响不同，下面将从食盐浓度、腌制时间、腌制温度、腌制方式四个加工因素进行论述。

一、食盐浓度对腌制过程的影响

食盐是肉类腌制中最基本的原料，它的作用除了赋予肉制品一定的咸味外，还可以提高肉品的持水性和抑制微生物生长、繁殖的作用。

食盐对微生物的影响受浓度影响较大，低浓度时食盐的抑菌作用很小，甚至有些微生物在1% ~2%的食盐溶液中反而能生长地更好。高浓度的食盐对微生物有显著的抑制作用，这种抑制作用表现为降低水分活度，提高渗透压。盐分浓度越高，水分活度越低，抑制作用就越大，此时，微生物的细胞由于渗透压作用而脱水、崩坏或原生质分离。不同种类的微生物对食盐有不同程度的耐受性，一般情况下，当食盐浓度小于1%时，微生物的生理活动不会受到任何影响；当盐浓度为1% ~3%时，大多数微生物会受到暂时性抑制；当盐浓度为6% ~8%时，大肠杆菌、沙门氏菌和肉毒杆菌将停止生长；当盐浓度超过 10%后，大多数杆菌不再生长；当盐浓度达到15%后，球菌的生长将被抑制，但是葡萄球菌的生长则需要在盐浓度达到 20%时才能被抑制；酵母在 10%的盐溶液中仍能生长，真菌则需要盐浓度达到 20% ~25%时才能被抑制。因此，在大宗淡水鱼的腌制过程中，应注意不要因酵母和真菌污染而导致咸鱼变质。

肌肉中的蛋白质是肌肉形成肉的持水性和黏结性的主要物质，在肌肉群中主要是肌球蛋白影响着肉制品的持水性和黏结性。氯化钠可将大量肌球蛋白提取出来，使得非溶解状态的蛋白质转变为溶解状态，或从凝胶状态转变成溶胶状态。溶胶和溶解状态的蛋白质在加热时形成巨大的凝聚体，将水分及脂肪封闭在凝聚体的网状结构中，使得肉加热后失水减少，从而表现出产品口感细嫩润滑。提高产品的持水性，不但可以提高产品嫩度，还可提高产品的出品率。

在肉制品中适当添加食盐能够促进脂质氧化。较低浓度的氯化钠能够促进猪肉中脂质的氧化，然而当氯化钠浓度大于 2%时则会对脂质氧化产生抑制作用。食盐对蛋白质水解、脂质氧化分解产生的影响主要表现在盐分含量对各种内源酶活性的影响，氯化钠对脂肪氧化酶有双重作用，对其他脂肪水解酶以及抗氧化酶都表现出一定的抑制作用。一定程度的脂质氧化有助于腌制品风味的形成，在传统干腌肉制品中盐分含量都比较高，因此在加工过程中一般都会对各种内源性酶起抑制性作用，不利于蛋白质和脂质的分解。要加快这些反应的进行，就要降低产品中的盐分含量，因此出现了食盐替代添加剂，如氯化钾。使用氯化钾替代部分氯化钠可以在保证离子强度不受影响的情况下，减少产品中钠离子的含量，此时，氯化钠对酶的抑制性减少了，但仍然可以有效地阻止腐败微生物的生长繁殖。但氯化钾本身具有一些苦味，会对产品的风味产生一定影响，因此使用范围不广。

二、腌制时间对腌制过程的影响

一般而言，肉制品腌制需要较长的时间，一方面是达到所需的风味，另一方面也是作为肉制品的保藏方式所需要的。以目前世界上比较著名的一些火腿产品为例，我国传统金华火腿的工艺时间为 8 ~10 个月，西班牙 serrano 火腿的加工时间大约为12 个月，意大利的伊比利亚火腿的制作时间则更长，大概为 24 个月。对于腌鱼而言，腌制时间亦是鱼制品腌制效果的重要原因之一，腌制时间过长，鱼体过咸，食用前需要较长的浸泡时间，鱼肉质地较硬，同时过长时间的腌制可能导致脂肪氧化哈败变质而影响口感。

从鱼体自身变化而言，鱼死亡后会经历一个僵硬的过程。鱼体死亡后发生的主要生物化学变化是糖原和三磷酸腺苷（ATP）缓慢减少，逐渐生成乳酸和氨。ATP 减少到某种程度时则鱼发生僵硬，至 ATP 消耗完时僵硬结束。不同僵硬期对食盐在鱼体中的渗透会产生一定影响。

三、腌制温度对腌制过程的影响

腌制温度较高时有可能会导致肉质纤维膨胀，阻碍腌制液的扩散速度，且温度越高会使蛋白变性，蛋白质在低温下的变性程度较低，基本没有影响。鱼肉温度升高会使蛋白质变性，肉的保水性下降，且肉馅易腐败，因此在滚揉过程中要尽量防止鱼肉温度的升高。淡水鱼腌制过程中会有能在高离子强度下离解的球蛋白溶出，也就是通常说的盐溶蛋白，盐溶蛋白易变性凝结，阻止渗透效果。为了保持盐溶蛋白不凝结，通常在腌制时保持较低的温度，低温状态能够很好地抑制微生物的活动，保持肉类各种营养成分不会被破坏，所以，在肉类腌制的过程中通常采用低温。在夏天的时候，温度易升高，肉品就非常容易变质，用冰水可以使产品温度基本在 4℃ 左右，但是冰水温度也会随之升高，应该采取些措施使水温保持在低温。一般说来，只要能保持肉温低于 10℃ 即可，要保持这个温度，腌制环境温度通常控制在 2 ~ 6℃。

四、腌制方式对腌制过程的影响

（一）干腌法

在干腌法中，起初食盐是以干盐的形式加入，在腌制过程中，食盐产生的渗透压及食盐的吸湿性使得鱼体组织渗出水分，形成食盐溶液，进而再向鱼体内部渗透。由于盐水形成缓慢，所以盐分向鱼肉内部渗透较慢，延长了腌制时间，但此种腌鱼的风味较好。此外，食盐溶解过程需要吸收热量，因此能降低鱼体温度，这对鱼类腌制防腐有着重要的意义。

（二）湿腌法

在腌制的过程中，鱼肉组织内的水分会在食盐产生的渗透压下析出而导致盐水浓度降低，因此在腌制的过程中需要经常搅拌并适当补充食盐。在湿腌法中，鱼体完全浸没在盐溶液中，腌制液渗入较均匀，另外，鱼体因不与外界空气接触，不易引起脂肪氧化现象，且不会产生鱼体过度脱水的现象。经湿腌法制备的咸鱼含盐量较低、水分含量高、肉质柔软，但蛋白质流失较大且产品容易腐败、不易保藏。

（三）混合腌制法

采用这种腌制方法，食盐的渗透均匀，腌制初期不会出现鱼体腐败的现象，也能很好地抑制脂肪氧化，经过混合腌制法制作的咸鱼产品外观较好，咸度适中，但是其生产工艺相对较为复杂。

为提高腌制品的质量，科研人员研究了各种因素对鱼体腌制过程的影响。与常规腌制方法相比，较为突出的是采用低温腌制和真空腌制。低温能够有效减缓鱼肉腐败，保证产品品质。真空可以造成低氧的环境，减轻或避免氧化作用，另外，真空形成的压力差可以加速物料中物质分子的运动和气体分子的扩散。利用压力差和食盐的浓度梯度，真空渗透技术能够加速食盐的渗透，缩短盐渍时间，提高产率并得到高价值的产品。

第三节　腌制过程中物理化学反应和营养风味变化

在淡水鱼的长期腌制过程中，食盐、酶和微生物等外界因素对鱼体不断产生作用，使得鱼体产生一系列物理、化学、生物变化，不但有效延长了淡水鱼的贮藏期，而且赋予了咸鱼特殊的风味和营养。

一、物理变化

在淡水鱼的腌制过程中，不可避免地会引起鱼体组织肌肉收缩和总体重量的变化。在食盐的作用下，鱼体中的水分不断渗出，盐分不断渗入，在重量上总体表现为咸鱼质量下降。但是，受盐渍条件的影响，也会出现因从外部吸水导致鱼体重量增加的情况。在干盐腌制法中，鱼体总是呈现脱水现象，而鱼体重量的减少程度与用盐量成正比。在盐水渍法中，在某种程度以上食盐的获得量小于鱼体脱水量，重量减少；在某种程度以下，食盐的获得量大于鱼体脱水量，重量增加。盐水渍法重量增减的临界食盐浓度可通过实验结果求得，一般为10%～15%。此外，腌制鱼重量的增减不仅与食盐浓度有关，还与盐水量和鱼体重量之间的比例有关系。

鱼体在不同的食盐浓度下进行盐渍时，鱼体中水分渗出、食盐渗入、肌肉组织中的组分溶出，鱼体的组织外观发生明显变化。当鱼体总重量减少时，鱼体会出现一定程度的组织收缩。此外，随着鱼体肌肉中食盐浓度增加，鱼的硬度和内聚性渐渐增加，弹性渐渐减小。

二、化学变化

鱼体腌制过程中受到微生物酶的作用，蛋白质和脂质被分解，游离氨基酸增加，分解的程度与食盐浓度成反比，然而，饱和盐浓度并不能完全抑制这种分解。这种分解作用还受温度的影响，温度越高，分解程度越大。分解程度与鱼自身也有关系，鱼种之间以红色肉鱼分解程度大，同一种以全鱼比去内脏的鱼分解程度大。

盐渍特别是干盐渍时，脂质（游离脂肪酸）易被空气氧化，并出现"哈败"现象。食盐具有促进鱼体脂质氧化的作用，而氧化产物中存在着有毒物质，因此，为防止脂质的氧化，可添加适当的抗氧化剂并在低温下进行盐渍腌制。

咸鱼与鲜鱼的肉质相差较大，特别是高盐渍鱼变得较硬，这种变化与组织的收缩以及蛋白质的变性有关。盐渍后肌肉中的主要蛋白质——肌球蛋白失去溶解性和酶活性。盐渍鱼肉蛋白质变性的直接原因是鱼肉内产生的盐浓度，但是在较低盐浓度（小于5%）盐渍时也曾发生显著的不溶解性现象，不同种类的鱼蛋白质变性难易程度有所不同。此外，受到周围环境如离子强度等的影响，腌制过程中鱼体蛋白质的热稳定性和构象结构也会发生变化。蛋白质天然构象内的疏水相互作用可以改善热稳定性，而离子强度的增大，引起疏水相互作用减弱，从而降低稳定性，使得蛋白质变性温度减小，即蛋白质更容易发生变性。

盐渍过程中，肌肉中的可溶性成分会溶出，溶出物中主要的含氮化合物是蛋白质和氨基酸，若溶出量以氮计，达10%～30%。随着腌制温度的升高，鱼体中溶出的氨基酸量增加，但是，增加的幅度与温度升高不成正比，而是随着温度的提高而渐渐减少。盐浓度与氨基酸的溶出量也有一定关系，随着盐溶液浓度的升高，溶出的氨基酸数量逐渐减少，即浓度越大，氨基酸溶出的数量就越少。当浓度达20%以上时，溶出的氨基酸量随着时间变化趋于恒定，一般而言，盐水渍法较干盐渍法、高温较低温、鱼片较鱼体中氨基酸溶出程度大。

盐渍鱼的表面有时会产生白色的结晶性物质，这种物质主要是正磷酸盐，鱼肉中核苷酸类物质由于酶的分解而游离出磷酸基，在食盐过饱和状态下，这类白色的磷酸盐会析出。当原料鲜度差、盐渍温度低或干燥条件下，易产生白色的结晶性物质。这种结晶性物质不会对咸鱼的保藏性产生显著性影响，但是会影响咸鱼产品的食用品质。

三、微生物作用产生的变化

盐渍在一定程度上能抑制细菌的生长，但不能完全抑制细菌的作用，有时也会引起鱼体腐败分解,腐败细菌的种类与新鲜鱼一样。在腌制过程中,食盐浓度越高,抑制腐败的作用越大,食盐浓度至少在10%以上才有抑制腐败菌生长的效果;盐渍的温度越低,保藏效果越好,特别是食盐的纯度越高,腌制温度越低,抑菌效果越好;厌氧条件对鱼体的腐败分解有抑制作用。

在淡水鱼腌制过程中,鱼体会发生一定程度的变色。咸鱼发红:盐渍鱼的表面会产生红色的黏性物质,这是细菌的作用结果。产红细菌主要有八叠球菌和假单胞菌两种嗜盐菌,它们都会分解蛋白质,而后者主要使咸鱼产生令人不愉快的气味。低温低湿对防止腌制中的鱼体发红有效,也可在盐渍中适当添加醋酸和苯甲酸等。咸鱼褐变:在盐渍鱼的表面产生褐色的斑点,使得腌制鱼的品质下降,这主要是由嗜盐性真菌引起的,这种真菌适合在食盐浓度10% ~15%、相对湿度75%、温度25℃的环境中繁殖。有些菌株具有分解蛋白质的活性,但不到使咸鱼软化的程度。

四、风味形成

腌制品所具有的特殊风味主要是微生物及其代谢时所产生的酶形成的。食品中挥发性物质的来源途径主要有两个,一个是原料本身所含有的,另一个是加工过程中产生的。腌鱼是一种具有独特风味的食品,其风味与原料截然不同,因此其风味物质主要是加工过程中所产生的。

腌制过程中,食盐的渗透作用对原料表面的微生物产生一定影响,以不同食盐用量或浓度腌制的腌鱼中微生物组成不同,其代谢产物也存在一定差异,腌鱼在挥发性物质的组成上存在差异,导致风味上的差别。干燥过程中,原料鱼中的水分不断蒸发,鱼肉上生长的微生物的数量与种类及其代谢产物的类型和产生能力发生改变,从而影响挥发性物质的产生。如鲢鱼肉中含有丰富的脂肪酸,其中多不饱和脂肪酸的含量高达54%,自然干燥过程中,在太阳光紫外线的作用下,鱼肉中的部分多不饱和脂肪酸氧化成低碳链的醛、酮等,这些醛、酮大部分具有挥发性和特殊的气味,从而影响腌鱼风味的形成。

腌制淡水鱼是一种典型的腌腊制品,在其风味形成的过程中,微生物发挥着重要作用。另外,食品中的脂肪在其风味的表现中也发挥着重要作用,因加热脂肪时可产生各自特异的香气,鱼脂中含有丰富的不饱和脂肪酸,在加工过程中容易氧化,其产物对产品风味有重要影响甚至改变产品的风味。综上所述,挥发性风味物质主要是不饱和脂肪酸发生氧化反应,其氧化产物与蛋白质及其降解产物进一步反应生成,也有部分风味物质来源于Maillard反应和斯托克斯降解反应。各种挥发性风味物质的种类和含量的不同,构成了腌鱼独特的风味。

在腌制过程中,成熟是咸鱼风味产生的一个非常重要的阶段。成熟是一个十分复杂的过程,取决于成熟过程中的各种参数(温度、pH、离子强度和水分活度)和鱼的生物学参数(脂肪含量、酶、细菌等)。它包含了化学和生化反应,使得鱼组织特性发生变化从而引起鱼的感官特性变化,在成熟过程中酶起到了关键作用,主要是内源性组织蛋白酶和细菌蛋白酶。这阶段的生化变化主要作用是降解蛋白质组分和脂肪、形成低分子化合物、赋予产品特定的感官特性。由此产生的肽、氨基酸以及进一步酶解产物和它们之间的化学反应,构成了对风味有重大影响的主要挥发性和非挥发性化合物。成熟或陈化中起作用的酶,可能来自鱼的消化系统、肌肉、原先生长或盐渍中生长的细菌。虽然成熟过程非常复杂,但一般认为,产品成熟的主要风味来自蛋白质和脂肪的一些分解产物,甚至在低值、白肉鱼类的腌制品中,脂肪的分解和氧化酸败对咸鱼的风味也发挥了十分重要的作用。经美拉德褐变反应的腌制品,对整体风味也起到了很大的作用。鱼体中的糖,尤其是 ATP 降解时释放出来的核糖,对美拉德褐变反应有着促进作用。然而,对于干腌的咸鱼来说,一般不希望发生任何褐变,以免影响产品的感官品质。

五、营养变化

腌制鱼是我国传统水产加工食品,其风味独特、耐贮藏,在我国南方的饮食文化中有着重要地位。在腌鱼的加工过程中,由于微生物和原料鱼中酶类的作用,发生硝酸盐的还原、蛋白质的水解、氨基酸的脱羧和脱氨、脂质的水解与氧化等生化变化,使鱼体具有独特的风味和营养。五大营养成分变化如下:

(1)蛋白质:蛋白质在酶的作用下分解成为短肽和氨基酸,非蛋白质含量增加,风味变佳;随着腌制时间的延长,鱼肉中多肽氮含量增加,而总氮、氨态氮、非蛋白氮含量变化不大,蛋白质降解程度较低。

(2)脂肪:在嗜盐菌解脂酶的作用下,鱼体内的部分脂肪被分解,产生小分子挥发性醛类物质,因而使得腌制鱼具有一定的芳香味;总的脂肪含量会下降,但相应的脂肪酸组成没发生多大变化。

(3)水分:盐渍过程中,鱼肌细胞内盐分浓度与溶液中盐分浓度之间存在的浓度差,促使食盐不断向鱼肌内扩散,同时鱼肌内的一部分水分子向盐溶液中渗透。从而导致鱼肌水分活度降低,达到抑制淡水鱼腐败变质的作用。在淡水鱼盐渍过程中,食盐扩散和鱼肌水分向外渗透一直在持续,直至肌细胞膜内外两侧浓度达到平衡,浓度差消失,渗透压降至零,此时便达到盐渍平衡。

(4)盐含量:随着腌制时间延长,盐含量有升高趋势。在湿腌、干腌的静置过程中,鱼肉能与鱼体表面的盐水进行食盐－水交换,因此含盐量升高。另外,磷、钙、铁等元素的含量也很高。

(5)维生素:维生素 A 含量尤其丰富,抗氧化剂维生素 C 有部分损失。

第四节　腌制品主要生产工艺

由于自然条件和饮食习惯的差异,不同地区在腌鱼的制作工艺上有所不同,从而生产风味各异的腌鱼制品,如云贵的侗乡腌鱼、湘川的熏鱼、鄂徽的腊鱼等。由此可见,制作工艺对腌鱼的品质具有十分重要的影响。尽管在具体制作方法上存在一定差异,但生产中腌鱼的方式主要包括干腌法和湿腌法。近几年,国内许多研究者对腌鱼的生产工艺也进行了大量有益的探索。本章对腌鱼的主要生产工艺进行整体介绍。

一、总体工艺流程

新鲜鱼或冷冻鱼→原料鱼预处理→淡水鱼腌制→干制→真空包装→杀菌冷却→检验→成品。

二、操作要点

(1)原料选择:腌鱼的原料为鲜活大宗淡水鱼,如青鱼、草鱼、鲤鱼、鲢鱼、鳙鱼等,质量在 2 千克左右。腌鱼原料也可以是短期冻藏的淡水鱼,但是冻藏时间过长则会对腌制过程产生一定影响。

(2)原料鱼预处理:鲜活鱼或解冻后的淡水鱼去头、去内脏、去鱼鳞,对鱼体进行漂洗,去除残留的血液或其他沾在鱼体表面的杂质,然后将清洗干净的鱼体按要求切成一定规格大小(约为 8×4×2 厘米)的鱼块。

(3)淡水鱼腌制:实际生产中腌制方法主要包括干腌法和湿腌法。

①干腌法:将食盐直接涂抹在鱼块表面,然后堆放在容器中进行腌制。腌制温度控制在 4℃,加盐量大约为 15%(重量/重量),腌制时间为 3～30 天,视原料品种、鱼块大小、厚度、腌制温度、产品要求等各种因素决定。

②湿腌法:配制一定的腌制盐溶液,食盐浓度为 15%～20%。腌制鱼块时,固液

比控制在约1:1(重量/体积),腌制温度约为4℃,腌制时间为24小时至数周,视原料品种、鱼块大小、厚度、腌制温度、盐溶液浓度、产品要求等各种因素决定。

(4)干制:咸鱼的干制可采用自然或人工干燥。

采用自然干燥时禁止在晒场喷洒化学防虫剂,晒场应保证干净、卫生、灰尘少、环境好、且要有防蝇、防蚊设施,自然干燥过程中应定期将鱼块翻晒。人工干燥温度宜控制在35℃以下。在干制过程中,检验人员应定期检查咸鱼的颜色,测定鱼块水分含量确定咸鱼的干燥程度。

(5)真空包装:将干制好的咸鱼块按照要求称重分装,采用真空包装以延长产品保质期,真空度约为0.095兆帕。

(6)杀菌冷却:杀菌温度约为121℃,杀菌时间为5~15分钟,杀菌结束后迅速冷却,置于0~10℃环境中贮藏。亦可采用其他技术进行杀菌,如微波灭菌、辐照灭菌等。

(7)检验:对咸鱼产品的品质进行检验,以保证产品符合如下指标。

三、安全卫生指标

(1)感官指标:外表光洁、无黏液、无霉点;具有腌鱼制品应有的光泽度;切面的肌肉呈红色或暗红色,脂肪呈白色;鱼体组织致密、有弹性、无汁液流出、无异物;具有该产品固有的滋味和气味。

(2)理化、微生物等指标参照相关标准。如《盐渍鱼卫生标准》(GB 10138－2005)、《腌腊肉制品卫生标准》(GB 2730－2005)、《腌腊鱼》(GB 43/344－2007)等。

(3)成品:腌鱼成品必须经上述检验合格后才能出售。

第五节 腌制品生产的主要设备及参数

基于腌鱼的生产工艺,腌鱼的生产设备主要包括除鳞设备、去头机、鱼肉清洗设备、鱼肉切块机、鱼块滚揉设备、干燥设备、真空包装设备、灭菌设备等,其中除鳞设备和去头机同第二章第三节中的除鳞和去头设备。

一、鱼肉清洗装置

该设备广泛应用于海产品、鱼类、虾类、海蛎子、带鱼、鲈鱼对外形要求高的物料设计，适用于：海产品、淡水产品。

设备特点：

（1）设备带有循环水泵和过滤水箱，实现清洗用水循环使用，节约用水，根据实际生产情况补充更换新水。

（2）设备输送带电机可实现调节变速功能，被清洗的鱼肉经过网链输送，自动送料，自动出料，根据生产需要调节输送带输送速度。

（3）设备带有喷淋装置，在清洗结束后输送至下道工序过程中，对产品进行喷淋，减少二次污染。

鱼肉清洗装置如图 5－1 所示，其运行过程是：将鱼肉加进漂洗槽 1 中，同时加入冷水（红身鱼肉需要加碱性盐水），由搅拌装置进行搅拌。溢入漂洗槽 2 中的鱼肉和水，由该槽中的搅拌装置继续搅拌，然后通过槽底部的管路，由鱼肉泵排出去，再进行脱水和二次漂洗，液面上的脂肪由人工或除油装置清除。此法操作简单、劳动强度小，但由于鱼肉在连续搅拌中，致使水中的脂肪不易上浮，故脱脂程度不如间歇式完全。

图 5－1　鱼肉清洗设备实物图

二、鱼肉切块机

该设备可应用于任何品种的鲜鱼、干鱼或微冻鱼加工，可将鱼肉切成鱼片，鱼段，鱼条或鱼块。利用左右两边高速旋转的圆形刀片能够快速且均匀地切断鱼体，杂碎鱼从切片口落下，经一次或多次即能切断成适合地鱼块。示范鱼肉切块机的实物图如图 5－2 所示。

设备特点：

(1)采用全不锈钢材料制造。

(2)工作效率高、维修方便、容易保养。

(3)切割的鱼块大小均匀,性能稳定。

图5-2 鱼肉切块机实物图

三、鱼块滚揉设备

该真空滚揉机是在真空状态下,利用物理冲击的原理,让肉在滚筒内上下翻动,相互撞击、摔打,达到按摩、腌渍的作用,使肉均匀的吸收腌渍,提高鱼肉的结着力及产品的弹性。示范鱼肉真空滚揉机的实物图如图5-3所示。

图5-3 真空滚揉机实物图

设备特点:

(1)具有连续真空功能。可以选择真空滚揉(固定真空度)和呼吸滚揉(真空常压交替变化)两种情况,配备真空表实时显示滚揉桶内真空度。

(2)采用变频无级调速,速度范围3~12转/分钟(可以选择1~4低速功能);可以选择最优化的加工工艺,提高生产效率、节约能耗。

(3)可选的V型和单片型桨叶,不同的滚揉力度,适应不同的产品。

(4)设备自动装料,自动出料,可翻转滚揉。

四、干燥设备

(一) 隧道式干燥机

隧道式干燥机又称洞道式干燥机,是目前淡水鱼加工中采用最广泛的干燥设备。它是在柜式干燥设备的基础上,为了提高产量而改进过来的。根据加热空气介质的不同,分为隧道式蒸汽干燥机和隧道式烟道气干燥机。为了适应许多分散渔区还缺乏锅炉蒸汽的现实,人们设计了隧道式烟道气干燥机,这早已在沿海渔区被广泛采用。这种装置的热能利用率较低,在温度调节和使用维修方面也有其不便之处。

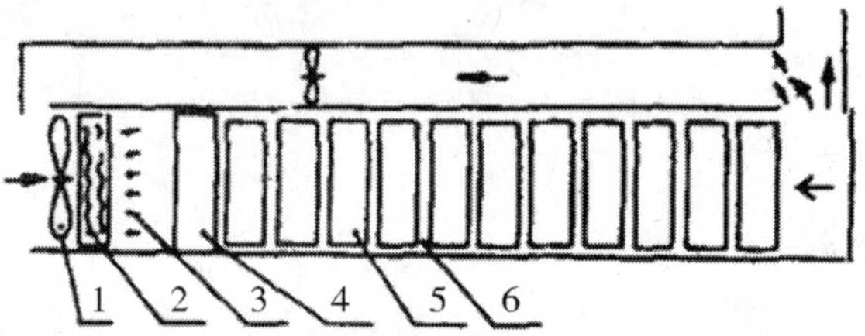

图5-4 隧道式干燥机示意图

料车方向← 气流方向→

1. 风机 2. 散热器 3. 导风板 4. 门 5. 料车 6. 干燥室

如图5-4所示,将被干原料均匀地排列在若干只竹编托盘上,逐一架在料车上,从干燥室的冷端(图中的右端)间歇或连续地推入干燥室中,而空气经加热由风机从另一端鼓入,进行逆流热风干燥,干燥好的物料从门中出来。

通常,干燥室的长度为10~15米,可容纳5~15辆料车,整个干燥设备外加4~6米,以供空气循环和方便小车进出。物料应在托盘上散成均匀料层,各托盘之间的间距约3厘米,如间距过小,则静压损失大,将需增大鼓风机的动力;如间距过大,则热空气会在各物料托盘之间形成层流,致使干燥效率降低。配置导风板的目的是为了调整热空气的流速,使其分布均匀。隧道式干燥器的进料和卸料是半连续式的,当一料车从干燥室的一端卸出时,另一装有湿物料的小车即从另一端进入。干燥室的轨道通常略微倾斜(斜度约为1/200)以方便料车的移动。干燥室的门经常是密闭的,只在料车进出时才开启。正常情况下,空气的流速不应小于1.0~1.5米/秒,一般为2.5~6.0米/秒。

(二)带式干燥机

带式干燥机是穿流式循环网带干燥机的简称。带式干燥机多功能的设计和结构使得其本身具有操作灵活、干燥速率快的特性、能处理大量不同尺寸范围的物料、可根据需要选择合适的空气流量、流向以及输送带的速度的优点。所以该机的应用也比较广泛。但此机占地面积较大、运行时噪音较大、设备造价较高的缺点影响了它的应用范围。目前,此机一般应用在连续处理中等或大批量物料的干燥过程中。为了保证效率,通常物料被干燥至含水 10% ~15% 后,再移至别的干燥器中进行最后的干燥。

如图 5 –5 所示,根据不同的需求,带式干燥机可以具有单程或多程的类型。此机除载料系统由网状输送带取代料车,以及风向不同外,其余部分基本上和隧道式干燥设备相似。被干物料被供应到网状输送带上,随着输送带进入封闭的干燥室,在干燥室内,热风直接与被干物料接触,进行干燥处理,热风从物料的上面向下或下面向上吹送。

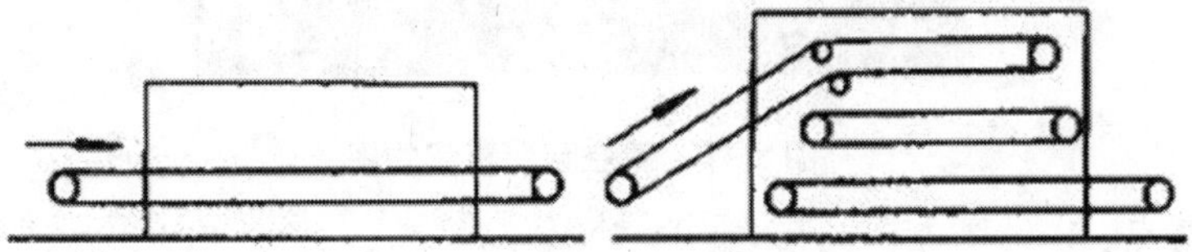

(a)单程式　　(b)多程式

图 5 –5　带式干燥机示意图

输送带通常由帆布、橡胶、涂胶布等制成,也可用不锈钢制成,板面成钢丝网状或多孔状。输送带上物料层的厚度根据物料性质以及成型的不同在 2 ~10 厘米之间调节。输送带上物料层厚直接影响着干燥速度,厚度大则速度低,根据淡水鱼块的干燥情况,物料摊展厚度一般不超过 3 厘米。为了使干燥空气分布均匀,保证物料的均匀干燥,物料厚度应尽可能保持恒定,输送带上不得出现过载或空载区域,否则将会引起气流旁路或抬高物料。各种进料器和震动散布器有助于物料的均匀分布。输送带的宽度随处理量的不同而改变,一般在 1 ~2 米之间。干燥室由隔热、覆金属的衬合板造成。多程式带式干燥机一般用在需要较长干燥时间或占地面积受限的地方,一般由 3 ~5 个输送带组成。淡水鱼加工中一般选用多程式带式干燥机。相邻的两层输送带的运动方向是相反的,物料从顶端输送带上进入干燥室,当到达该输送带的终端就反落到下一段输送带上,如此重复进行,最后从最底下的输送带上出来,干燥完毕。

五、真空包装设备

真空包装也称减压包装,是将包装容器内的空气全部抽出密封,维持袋内处于高度减压状态,空气稀少相当于低氧效果,使微生物没有生存条件,以达到水产品新鲜、无病腐发生的目的。目前应用的有塑料袋真空包装、铝箔包装、玻璃器皿、塑料及其复合材料包装等，可根据物品种类选择包装材料。

真空包装机的工作原理是利用喷管高速喷射压缩空气，在喷管出口形成射流，产生卷吸流动。在卷吸作用下，使得喷管出口周围的空气不断地被抽吸走，使吸附腔内的压力降至大气压以下，形成一定真空度，该真空包装机适用于各种塑料薄膜袋、复合膜袋、铝箔袋的真空包装。真空包装机的实物图如图 5－6 所示。

图 5－6　真空包装机实物图

设备特点：

(1)真空自动左右摇摆，效率高、工人劳动强度低，运行平稳。

(2)进口电器控制，性能稳定可靠。

(3)可选配进口真空泵和国产真空泵。

(4)可选配 PLC 和人机界面控制，提高设备档次。

六、灭菌设备

通常利用微波灭菌设备对真空包装后的腌鱼产品灭菌。微波杀菌是利用微波能与食品以及细菌等微生物直接相互作用，热效应与非热效应的共同作用达到快速升温杀菌的效果，各种物料的杀菌作用一般在 3～5 分钟，同时低温杀菌能保持食品营养成分和传统风味。微波灭菌设备实物图如图 5－7 所示。

图 5－7　微波灭菌设备实物图

设备特点：

(1)选择性加热、节能高效。

(2)时间短，效率高。

(3)易于控制，工艺先进。

(4)杀菌效果好、延长保质期。

第六章 大宗淡水鱼糟醉制品的工业化加工技术

第一节 原料要求

糟醉制品经过大米发酵，不但能改变鱼体的风味色泽，还能最大限度地保持或增加其营养价值。在糟醉的过程中，发酵会不断地改变腌制鱼肉的质构，并产生特定酒香味。脂肪在发酵的过程中会产生不同的风味，而鱼肉中的脂肪含量又很难控制，因此利用低脂的淡水鱼做原料，发酵成熟后的产品风味好、质量佳、价值高。淡水鱼的新鲜程度直接决定了糟醉制品的口感，淡水鱼的库存时间会不同程度的影响糟醉制品的口味，如果存放时间过长，会使其新鲜度下降，不能完全保持进冻前的新鲜度。因此，淡水鱼糟醉制品最好是用活鱼，并采用去内脏、洗净速冻的方法，以解决冷冻鱼卵、鱼胆肉苦和鱼内脏易变质的难题，已经开始腐败或已变质的淡水鱼严禁作为糟醉制品的原料。冰鲜鱼进冻前，应及时按照鱼货鲜度等级、大小规格和机械损伤等情况，细致地予以挑拣，区分品种、等级、规格后，分别处理。原料鱼采用无污染水域养殖或天然水域生长的大宗淡水鱼，要求鲜活，鱼体重在 1 千克以上为佳。

第二节　糟醉过程中的风味形成和品质变化

一、糟醉过程中酒糟鱼风味的形成

酒糟鱼在糟制过程中会产生独特的风味物质，而酒糟鱼正是由于这种特殊的风味闻名遐迩。目前已知的风味物质主要有：非挥发性风味物质（氯化钠、总糖与还原糖、有机酸、粗蛋白质和盐溶性蛋白质、氨基氮、脂肪和游离脂肪酸）、挥发性风味物质（烷烯烃、酸、酮、酯、含氮化合物、含氧类化合物），这些风味物质在鱼糟制过程中会发生一定的变化。

糟鱼发酵过程中，氯化钠、蛋白质和盐溶性蛋白质的含量随发酵时间的延长而下降，最后达到一个动态平衡，含盐量一般低于5%时符合低盐化食品的要求。总糖含量与还原糖含量都随着发酵时间的延长而先增加后达到动态平衡；有机酸含量随发酵时间的延长而增加，有机酸含量变化与总糖含量变化以及还原糖含量变化之间呈显著正相关关系；氨基态氮含量随发酵时间的延长先增加后降低，最后达到动态平衡。

糟鱼发酵过程中，脂肪含量随发酵时间的延长而下降；脂肪酸含量随发酵时间的延长而增加，两者之间无显著相关性；饱和脂肪酸的比例随发酵时间的延长而减少，单不饱和脂肪酸和多不饱和脂肪酸的比例随发酵时间的延长而增加；发酵有利于游离脂肪酸的生成；厌氧发酵能促进不饱和脂肪酸的生成，抑制不饱和脂肪酸的氧化腐败。

糟鱼发酵过程中糖类增加主要与环境糖类渗透有关，鱼肉组织中糖类物质较少，微生物对其影响较小。分离到的酵母菌具有产脂肪酶的生理特性，它可以代谢脂类等物质生成游离脂肪酸；枯草芽孢杆菌具有产蛋白酶的生理特性，能分解代谢蛋白质生成氨基态氮物质；葡萄球菌具有产蛋白酶和脂肪酶的特性，能代谢脂类等物质生成游离脂肪酸。

二、酒糟鱼风味物质

新鲜鱼肉的气味成分多是由挥发性羰基化合物和醇造成的，特别是挥发性羰基化合物，能产生原生的、浓郁的香味，而挥发性醇则产生较为柔和的气味，其气味中一些含有羰基的饱和或不饱和酯类以及酸类化合物的组成含量分别为20.46%和

55.74%,占总挥发性风味物质的75%以上。

发酵过程中,酸类物质含量相对较高,其含量先减少后略有增加;酯类物质含量较高,在发酵末期其含量相对增加,这可能与发酵过程中大量产酸菌株的分解代谢有关,如酵母菌和乳酸杆菌等;发酵后期各种微生物含量相对减少,产酸量随之下降。随着发酵时间的延长,微生物代谢产生的醇类与酸类物质进一步反应生成各种酯类等芳香物质,所以在发酵后期酸类减少,而酯类物质含量相对增加。酸类物质含量的降低和酯类物质含量的增加使得糟鱼无酸败味,口感和谐。发酵过程中,酮类物质占风味物质的比例相对较小,这可能是由于厌氧环境抑制了醛类物质的氧化代谢,使得酮类物质生成较少。含氮类化合物主要由发酵过程中分解蛋白质的微生物代谢产生。

糟鱼中的挥发性风味物质主要是烷烯烃类、酸类、酯类和含氮类化合物,它们共同赋予糟鱼丰富的香味。由于各种烷烃(C6~C19)的阈值较高,因而对于食品整体的风味贡献很小,但一些支链烷烃可能对鱼肉的香气特征有贡献;一般而言,酯类会赋予食品一种浓郁的果香;酮类化合物对鱼肉中甜的花香及果香风味有贡献,并且随着碳链的增长产生更强的花香特征,且烯酮类化合物具有植物芳香的气味特征。

原料鱼在发酵过程中风味物质的含量和种类不同。原料鱼经过40小时发酵后,烷烯烃类物质种类增多,含量也显著增多,且发酵前后的烷烃的种类也不同;经88小时发酵后,烷烯烃类物质的种类减少至1种,含量相对减少。经40小时发酵后,酸类物质显著减少;发酵88小时后,酸类物质有所增加,但还是少于原料鱼中的含量,酸类物质的种类较少,但含量相对较高。酯类物质经40小时发酵后,种类和含量有所下降;发酵88小时后,酯类物质种类增多,含量也显著增加。含氮类化合物从4种增加到7种,随后又减少至1种,含量也先增加后减少,其他含氧类化合物只存在原料鱼中。

三、糟醉过程中酒糟鱼的品质变化

(一)酒糟发酵时间对酒糟鱼品质的影响

随着发酵时间的延长,酒糟中还原糖的含量先快速上升后下降,其中4~5天时下降速度非常明显,5~6天时下降速度较缓慢。当糟腌酒糟中还原糖含量较高时,酒糟鱼中的还原糖含量和粗蛋白含量较高、氨基态氮含量则较低,反则反之。当以发酵5天的酒糟进行糟制时,酒糟鱼的感官品质最好,其滋味和香气最佳。这是由于样品中的氨基酸含量较高,鲜味成分较丰富,同时还原糖含量适宜,咸甜味和鲜味显著。

(二)鱼糟比对酒糟鱼品质的影响

随着酒糟用量的提高,酒糟鱼中的还原糖含量逐渐升高,氯化钠含量、粗蛋白含量和氨基态氮含量逐渐下降,当鱼糟比为 1∶2 时,酒糟鱼的感官品质(滋味和品质)最好。

(三)糟制时间对酒糟鱼品质的影响

随着糟制时间的延长,酒糟鱼中还原糖的含量先上升后下降,氯化钠含量和粗蛋白含量逐渐下降,30 ~45 天时粗蛋白含量的下降幅度尤其明显,氨基态氮含量呈上升趋势,延长糟制时间可改善酒糟鱼的滋味和香气,但会导致酒糟制品品质的下降,酒糟鱼的色泽和总体感官品质随糟制时间的延长先上升后下降,其中 30 天时的感官品质最佳。

(四)糟制温度对酒糟鱼品质的影响

随着糟制温度的升高,酒糟鱼中还原糖含量先升高后降低,氯化钠和粗蛋白的含量逐渐降低,当温度由 20℃升到 30℃时,粗蛋白的含量下降幅度明显,氨基态氮含量呈升高趋势。糟制温度对酒糟鱼的品质具有显著影响,温度较低时酒糟鱼的质地得分较高,但色泽较差;温度较高时制品的色泽较好,但质地较差;当糟制温度为 20℃时,酒糟鱼的感官品质最好,其滋味明显优于 10℃和 30℃的制品。

(五)杀菌条件对酒糟鱼品质的影响

杀菌可杀灭酒糟鱼中的微生物,延长制品的保存期,防止制品过度发酵。提高杀菌温度和延长加热时间均可降低酒糟及酒糟鱼中还原糖和粗蛋白的含量。杀菌温度为 100℃时,酒糟鱼呈红褐色,且无焦苦味,但制品中残留的总菌数较大,不利于制品的保存;当采用 110℃、30 分钟的杀菌条件时,酒糟鱼中残留的总菌数最少,但制品呈深褐色,并有明显的焦苦味;120℃杀菌 10 分钟时,酒糟鱼有极明显的焦苦味,且色泽为棕黑色,这可能与还原糖和蛋白质的美拉德反应有关;110℃杀菌 20 分钟时,酒糟鱼呈棕色,有轻微的焦苦味,制品中残余的总菌数较低。

(六)微生物对酒糟鱼品质的影响

用未杀菌腊鱼制作的酒糟鱼的粗蛋白含量和氨基态氮含量明显高于已杀菌的腊鱼,主要原因是腊鱼杀菌过程中析出的大量固形物在表面形成冻胶物,糟制时这些冻胶物扩散到酒糟中,从而使酒糟鱼的粗蛋白含量和氨基态氮含量下降。以未杀菌酒糟糟制杀菌腊鱼时,酒糟鱼中还原糖含量明显高于其他制品,可能是因为杀菌处理使腊鱼的组织结构疏松,从而有利于还原糖的渗透。以未杀菌酒糟制作的酒糟鱼中的总菌数远大于杀菌酒糟制作的酒糟鱼中的总菌数,说明酒糟鱼中的微生物主要来自于酒糟。在以杀菌腊鱼和杀菌酒糟制作的酒糟鱼中没检出残余微生物,但该产品的感官品质最差,表明微生物在酒糟鱼风味形成过程中发挥了重要作用。以未杀菌腊鱼制作的酒糟鱼的感官品质明显地高于杀菌腊鱼的,表明腊鱼中的微生物对酒糟鱼风味品质的影响比对酒糟的品质的影响更大。

第三节　糟醉制品主要生产工艺

糟醉鱼是具有江西地方特色的传统食品,它以新鲜鲤、鲫或草鱼为原料,经洗涤、盐腌、晒干后,加配米糟酒、白糖、白酒等糟浸发酵制得的一种复合性糟鱼。酒糟鱼不但具有鱼香味,还具有酒香味、米香味、腊香味,四味香气汇成一体且香气浓郁。鱼块呈红色至红褐色;酒糟呈白色至淡黄色;鱼块大小均匀一致,肉质紧密,富有弹性;有嚼劲,香气浓郁,久食不厌,是江西传统的特色佐餐食品,开袋即可食用。有害金属含量及卫生指标符合国家软罐头的标准。我们主要介绍传统酒糟鱼的加工工艺和特色糟醉鱼的生产工艺。

一、糟醉鱼制品

(一)酒糟鱼加工工艺

1. 工艺流程

白鲢鱼等大宗淡水鱼→预处理→腌制→预脱水→糟制→干燥→真空包装→杀菌。

↑

糯米→酒糟→调配糟醉液

2. 操作要点

(1)预处理:原料去鳃、鳞、内脏、脊椎骨和头,将鱼体切段,清洗后沥干。

(2)腌制:干腌法:按照比例称取一定重量食盐,均匀涂抹于鱼段表面,于4℃条件下静置腌制。湿腌法:配制一定浓度腌制液,将鱼:腌制液 =1∶1(重量/体积)的比例于4℃条件下静置腌制。

(3)预干制:传统风干法:将鱼段置于通风处,环境温度约为15℃,静置风干。热风干燥:将鱼段置于热风干燥箱内,设定温度和风速,静置干燥。

(4)糟醉液配制:按比例称好原料,先将酒糟与复合香辛料液混合均匀,再加入白酒混匀,放入4℃冷库中贮藏备用。

(5)糟制:将鱼块整齐地摆放在容器中,按一定比例加入糟醉液进行糟制,最上层用糟醉液封严。低温糟制:在4℃条件下静置糟制。真空糟制:将浸在糟醉液中的鱼块抽至设定真空度后，放置在一定温度条件下维持真空，糟制一天恢复常压，重复此操作。

(6)干燥：将糟制后鱼段干燥至一定水分含量。

(7)真空包装：在0.88～0.93兆帕真空度条件下真空封口。

二、特色糟醉鱼生产工艺

(一)苗寨糟香鱼

苗寨糟香鱼，甜、酸、辣兼备，美味可口，既有开胃之功，又有健脾之效。

(1)原料配方：鲤鱼10千克，盐1千克，姜1千克，蒜0.5千克，五香粉0.3千克，辣椒粉1千克，甜酒汁5千克。

(2)制作方法：选鲜活鲤鱼，从背部剖开去掉内脏和腮，将剖好的鱼用盐腌一周后风干至七八成干，然后切成长宽各10厘米左右的方块用油煎成黄色，取出凉干后加入生姜、辣椒粉、五香粉、大蒜等，层层放入坛内，最后加甜酒汁浸泡，封好坛口，放置三、四月后即成。

(二)糟鲤鱼

糟鲤鱼的工艺同时也适合青鱼等淡水鱼。

(1)原料：选择冰鲜或冻藏的原料鱼，除去内脏及头等不可食部分，对肉质较厚的部位划上刀痕以利于盐渍。

(2)盐渍：用原料鱼重量7%～20%的食盐，盐渍1～5天，适当加压可有利于脱水。此过程要保持低温，并且盐要渍透以防变质。

(3)日晒：将鱼从卤水中取出后沥干水(若咸味过重可在淡水中浸泡1～2小时)，在日光下晾晒3天左右，鱼肉最终软硬适中，一般晒干后成品率约50%。

(4)装坛：把晒过的鱼整齐地摆放在坛子内，若鱼体很大可切成小块，先用高粱酒喷洒到鱼体上，再按配好的料拌和，然后涂抹一层酒糟，一层鱼装入坛内，每层压结实，顶面加封糟。调料的配制按100千克原料所需，60%高粱酒5千克，酒糟35千克，黄酒10千克，适量的盐，糖3千克，其余为八角、茴香等五香调味料。

(5)封坛与保藏：用木板盖口，以纱布蘸血料(100千克猪血加3千克石灰拌和)围好，待干后再用牛皮纸和黄泥封好，置阴凉处保藏。封坛后的第10～15天，将坛颠倒放置几个小时，使坛内物料调料均匀。一个月后即成熟，可开坛食用，每次开坛取食后，必须立即盖紧，可保藏1年不变质。

第四节　糟醉制品生产的主要设备及参数

酒糟鱼加工过程中的主要设备有:去鳞机、剖切机、腌渍缸、低温冷库、真空干燥机、热风干燥机、切块机、渗透机、杀菌锅、真空封口机等。其中前处理设备有:去鳞机、剖切机,后处理设备主要有低温冷库、真空干燥机、热风干燥机、切块机、渗透机、杀菌锅、真空封口机,专有设备:腌渍缸(市场上的腌渍缸主要分为塑料腌渍缸、陶瓷腌渍缸,以及自制的水泥池等都具有很好的腌渍效果)。

一、塑料腌渍缸

(1)主材:聚乙烯塑胶原料。

(2)常用颜色:橙、蓝、绿、白、黑等。

(3)性能:一次成型内外光滑,耐撞击,抗强震,不易老化。

(4)适用范围:食品加工中的储存、周转、清洗。酿造、蔬菜加工行业中发酵、腌制、贮存。食品的拌料、兑制。产品采用进口 PE 原料,耐酸耐碱,耐碰撞,符合食品饮用水卫生要求。塑料腌渍缸的实图如图 6-1 所示。

图 6-1　塑料腌渍缸

二、陶瓷腌渍缸

陶瓷腌渍缸(图 6-2)一直以来受到广大食品企业的喜爱,这类缸比较厚,腌渍出来的糟鱼味道会更好。但有的企业为了方便,愿意购买塑料桶,对此,业内人士表示，陶瓷坛子存放的时间比较长，且不易被腐蚀，而塑料桶在腌渍糟鱼的过程中，可能会对塑料桶产生腐蚀，进而析出有害物质，故而陶瓷腌渍缸在确保品质的同时不会引入外来的污染。

图 6－2　陶瓷腌渍缸

三、自制的水泥池

规格各不相同，依需要和产量可自行定规格，但要设计排水和密封相关配套设施。

第七章
大宗淡水鱼烟熏制品的工业化加工技术

“食以味为先”,烟熏味食品具有数千年的历史。诱人的烟熏香味,历来为世界各地很多人所喜好,可见,烟熏香味是人类社会所需要的重要味道之一。

传统烟熏的目的是为了保藏食品。传统熏制的熏烟是植物性材料缓慢燃烧或不完全燃烧时氧化产生的气体、液体(树脂)和微粒固体的混合物,其熏制出来的食品具有特殊的烟熏色泽、香气和味道,而且耐贮存。传统的烟熏加工、烟熏时间多达几天甚至几周,国内主要应用于畜禽产品中。

目前,越来越多的水产原料也用于烟熏加工。烟熏水产品具有诱人的烟熏色香味、抗菌、抗氧化、去除腥味、延长保质期等优点。在各种烟熏风味水产品或改善原有水产食品风味方面具有重要应用价值。烟熏制品的保藏期主要受熏烟的发生量、熏烟时间、熏烟温度、原料含水量、表面积及 pH 等的影响。

熏烟的化学成分极其复杂,据报道有 20 多种化合物,如醛类、酚类、醇类、酸类、酮类、羰基化合物和烃类等。酸类物质降低了熏制品的 pH,增强了对微生物生长的抑制作用,同时也可加速亚硝酸盐反应,增强腌制效果。酚类、酸类和醛类起防腐作用,酚类还可以抗氧化,赋予熏制品特殊的香味。

第一节　烟熏加工原理

一、烟熏的目的

（一）赋予制品独特的烟熏风味

在烟熏过程中，熏烟中的许多有机化合物附着在制品上，赋予制品特有的烟熏香味，其中使制品形成烟熏味的主要成分是酚类化合物，特别是邻甲氧基苯酚和4－甲基愈创木酚。烟熏制品的熏香味是多种化合物综合形成的，这些物质不仅自身显示出烟熏味，还能与肉的成分反应生成新的呈味物质，综合构成制品的烟熏风味。烟熏味首先表现在制品的表面，随后渗入制品的内部，从而改善产品的风味，使口感更佳。

（二）发色作用

熏烟成分中的羰基化合物可以和肉中蛋白质或其他含氮物质中的游离氨基发生美拉德反应，使其外表形成独特的金黄色或棕色。同时，熏制过程中的加热能促进硝酸盐还原菌增殖及蛋白质的热变性，游离出半胱氨酸，使制品形成稳定的颜色。另外受热引起的脂肪外渗也能起到润色作用，从而提高制品的外观美感。

（三）杀菌防腐作用

熏烟中的有机酸、醛和酚类化合物具有杀菌作用。有机酸具有酸性而使鱼肉的酸性增强，能抑制腐败菌的生长繁殖。大多数醛类具有防腐性，尤其是甲醛，不仅具有防腐性，而且还能与蛋白质或氨基酸的游离氨基结合，使碱性减弱，酸性增强，进而起到防腐作用。酚类物质也具有很强的防腐作用。

熏烟的表层杀菌作用较为明显，经熏制后表面的微生物可减少1/10。大肠杆菌、变形杆菌、葡萄状球菌对烟最敏感，烟熏3小时即死亡，但真菌和细菌芽孢对烟的作用较稳定。故烟熏的杀菌防腐作用是很有限的，需通过烟熏前的腌制、熏烟中和熏烟后的脱水干燥来赋予熏制品良好的储藏性能。

（四）抗氧化作用

烟中的酚类及其衍生物具有抗氧化作用，其中以邻苯二酚和邻苯三酚及其衍生物作用尤为显著。熏烟的抗氧化作用可以较好地保护脂溶性维生素不被破坏。

二、烟熏方法

（一）冷熏法

冷熏法是一种在低温（15～30℃）下进行较长时间（4～7天）熏制的方法。熏前原料须经较长时间的腌制，由于熏制过程较长，产品在烟熏过程中经历了干燥和成熟，使产品的风味增强，储藏期增加。这种方法的缺点是时间长，产品的重量损失大。在温暖地区，由于气温关系这种方法很难实施。

冷熏品工艺要点：在10%～20%盐水中腌渍数日，然后在清水中脱盐2～3天，风干后放入20～25℃的熏烟室中，夜间点火熏制，白天开门风干，进行2周后取出堆放，蒸3～4天，最后再熏制2～3天。

（二）温熏法

温熏法是在30～50℃下进行熏制的方法。这一温度超过了脂肪的熔点，脂肪很容易游离出来，而且部分蛋白质开始凝固，因此烟熏过的制品质地会稍硬。由于温熏的温度条件有利于微生物生长，所以烟熏时间不能太长，一般控制在5～6小时，最长不能超过2～3天，熏制时应控制温度缓慢上升。温熏法制备的产品重量损失少，产品风味好，但耐储藏性差。

采用温熏法可以大大缩短时间，方法是原料加工成鱼块，将鱼块放入配好调味料和香料的食盐溶液中稍加腌渍，风干后在30～50℃下熏12小时，然后再在50～80℃下熏2小时。

（三）热熏法

热熏法采用的温度范围为50～85℃（在实际操作过程中烟熏温度大多控制在60℃左右），在此温度范围内，蛋白质几乎全部凝固，烟熏制品表面的硬度较高，内部含有较多的水分，产品富有弹性。4～6小时熏制是应用较广泛的一种方法，因为熏制的温度较高，制品在短时间内就能形成较好的熏烟色泽，但熏制温度必须缓慢上升，不能升温过急，否则发色不均匀。

（四）电熏法

电熏法是应用静电进行熏制的一种方法。烟熏室内配有电线，电线上吊挂原料后，通1～2万伏高压直流电或交流电，进行放电。熏烟由于放电而带电荷，可以进入制品的深层，提高风味，延长储藏期。电熏法可延长制品储藏期，缩短烟熏时间，电熏法的熏制时间只是温熏法的1/2，但此法会造成烟熏不均匀，且成本较高，目前还不是很普及。

（五）液熏法

液熏法是指用液态烟熏制剂代替传统烟熏的方法，目前在国内外已广泛使用。

使用烟熏液时不需要使用熏烟发生器,因而可降低投资费用。液态烟熏制剂的成分比较稳定,产品质量比较均匀一致,熏剂中固体颗粒已除去,无致癌危险。液态烟熏剂一般用硬木干馏制取,软木需过滤除去焦油小滴和多环烃。液态烟熏剂的有效成分主要是由酚、有机酸、醇和羰基化合物等气相物质组成。液熏是传统烟熏的根本性变革,主要表现在使气态烟转变成液体烟,并使之成为一种简单、自然、方便的商品－烟熏液。液熏法具有独特的优势和特点:

(1)烟熏液中不含3,4－苯并芘致癌物质,熏制出的食品不仅色香味好,而且安全可靠。

(2)可大量减少传统方法在厂房、设备等方面的投资。

(3)熏制速度快、效率高,有些甚至可以在瞬间完成,所以又称速熏法。

(4)能实现机械化、电气化、连续化生产作业,大大提高生产效率,并降低生产成本。

(5)工艺简单,操作方便,熏制时间短,劳动强度低,不污染环境,且对产品有防腐、保鲜、保质作用。

(6)适用性广,几乎可以熏制任何烟熏风味的食品,远胜过传统发烟熏制法。

液熏法的具体使用方法常依食品的形态质地具体而定,主要有混合法、调合法、浸渍法、置入法、涂抹法、淋洒/喷雾法、注射法等,其中,浸渍法、置入法、淋洒/喷雾法、注射法等四种方法常用于淡水鱼的液熏。

(六)浸渍法

浸渍法适用于块状食品。将定量的烟熏液与其他香料配成香料浸渍液,然后将处理好的鱼浸入其中,经过一定时间浸渍后即可,再按工艺制成成品,浸渍过程中要经常观察鱼体熏制状况,熟练掌握浸渍程度。对个体较大的鲶、鲐等,需经开腹、开背或切块之后再浸渍。

(七)置入法

置入法适用于烟熏罐头食品。将定量的烟熏液注入装鱼的罐内,然后封口、杀菌,通过热杀菌能使烟熏液自行均匀分布,此法对烟熏罐头食品是最适宜的。

(八)淋洒/喷雾法

淋洒/喷雾法适用于小块型熏制产品。将烟熏液以一定的流量通过雾化系统喷出,形成雾状小液滴,在气流和重力的作用下,均匀地淋洒或喷雾在鱼片、鱼块表面。烟熏液喷洒完成后,按工艺制成成品。

(九)注射法

注射法适用于大块形产品。有些鱼片或鱼块因块形大,质地硬,烟熏液不易在短时间内浸入到肌肉内部,可采用注射法。将定量的烟熏液注入大块鱼肉中(各个部位都要注射到)，边注射边滚揉使烟熏液分布均匀，当烟熏液注射完后，再按工艺制成成品。

三、烟熏对原料要求

常用的烟熏原料鱼有鲤鱼、草鱼、青鱼、鲢鱼等。脂肪含量过高或过低的鱼类都不适合生产烟熏制品。脂肪含量过高不仅会引起干燥困难、储藏性差，而且易使熏烟成分与油一起流失，发生油脂氧化，肉色发黄；脂肪太少时，烟熏制品味道差，熏烟的香气成分难以吸附，鱼体过硬，外观差，成品率低。

第二节　烟熏过程中风味形成和营养变化

一、烟熏过程中的风味物质

古老而悠久的烟熏食品不仅能够产生诱人的烟熏香味，还可以延长食品的保藏期，熏烟是由气体、液体和固体微粒组成的混合物，现在已经在木材熏烟中分离出200种以上不同的化合物，但是这并不意味着熏烟中存在着所有的这些化合物。熏烟中常见的化合物是酚、有机酸和羰基化合物等，酚类成分主要提供烟熏香味。

(一)酚

酚是熏烟中最重要的成分之一，是很强的抗氧化剂和抗菌剂，是熏烟具有抗菌防腐和抗氧化酸败作用的主要原因。从木材熏烟中分离出来并经过鉴定的酚类达20多种，其中有愈创木酚、4-甲基愈创木酚、邻二甲酚、间二甲酚、对二甲酚、4-丙基愈创木酚、香兰素等。酚类在烟熏制品中有两大作用：①提供烟熏香味。②作抗氧化剂和抗菌剂。

(二)有机酸

在熏制品中，有机酸起抗菌、调味、呈特殊香味和助抗氧化作用。熏烟气相内的有机酸一般为短链(1~4个碳)有机酸，而链较长(5~10个碳)有机酸却附在熏烟的微粒上，故蒸汽中常见的有机酸为蚁酸、醋酸、丙酸、丁酸和异丁酸，附在微粒上的有机酸通常为戊酸、异戊酸、庚酸、辛酸、壬酸和癸酸。

(三)羰基化合物

羰基化合物是食品表面形成烟熏色的根本原因，羰基与蛋白质分子中的氨基起褐变反应，形成烟熏色。很多羰基化合物也具有呈特殊香味、抗菌和抗氧化作用，其中碳氢化合物中的羰基与肌肉肌红蛋白中的氨基发生美拉德反应，即氨基酸和还原糖反应生成香味物质而使肉品呈色，所以熏液中的羰基化合物对于熏制品的色泽和风味都起着十分重要的作用。单独的酚、有机酸或羰基化合物不具备熏烟的那种几乎完美的烟熏香味，唯有众多化学成分的协同作用才能使烟熏过程中具有多功能性。

二、烟熏过程中风味的形成

木料是烟熏技术产生烟气的主要物质基础，其主要成分是纤维素、半纤维素和木质素，虽然不同木料中这些成分的含量不同，但它们的比例大致是2:1:1。烟熏的烟味是由木材干馏而产生的，所以烟味的成分主要与木材中这三种成分的干馏产物相关。

(1)纤维素的干馏：最初的反应为葡萄糖，随之发生脱水作用生成1,6－脱水葡萄糖，接着发生二级干馏作用生成乙酸同系物、水，并生成少量的呋喃和苯酚类化合物。

(2)半纤维素的干馏：不同木材的半纤维素组成不同，硬质木中多含戊聚糖，某些软木中则以已糖为主。半纤维素的热稳定性最差，受热后迅速分解并生成呋喃及其衍生物，以及一系列的脂肪酸，硬木生成的脂肪酸比软木多。

(3)木质素的干馏：在烟熏加工中，烟熏味主要是由木质素热解生成的酚类和酚醚类化合物产生，以愈创木酚(邻甲氧基苯酚)和丁香酚(2,6－二甲氧基苯酚)及它们的同系物和衍生物为代表。

三、烟熏过程中鱼肉营养成分的变化

烟熏过程中鱼肉的蛋白质、脂肪酸含量以及脂肪酸的种类等均会发生变化，这些变化主要受不同熏制方法的影响。表7－1和7－2是以草鱼为原料，比较冷熏和热熏对鱼肉营养成分的变化影响。

表7－1　一般营养成分分析表

一般营养成分	冷熏	热熏
水分	69.44±1.97	59.73±3.40
粗蛋白(干物质计)	50.51±3.79	43.98±6.85
粗脂肪(干物质计)	33.50±3.77	36.54±7.90
灰分(干物质计)	2.14±0.52	1.68±0.71

从表 7-1 可知，冷熏、热熏对水分、脂肪、蛋白质含量影响不大，两者之间无显著性差异。

表 7-2　氨基酸含量的变化

氨基酸	冷熏	热熏
牛磺酸	0.05 ±0.01	0.03 ±0.01
赖氨酸	5.97 ±0.05	5.83 ±0.03
苏氨酸	2.89 ±0.08	2.88 ±0.09
蛋氨酸	0.89 ±0.22	0.95 ±0.18
胱氨酸	2.25 ±0.11	1.45 ±0.07
色氨酸	0.54 ±0.03	0.55 ±0.05
异亮氨酸	2.80 ±0.18	2.74 ±0.13
缬氨酸	3.02 ±0.26	2.88 ±0.22
亮氨酸	5.36 ±0.12	5.26 ±0.09
苯丙氨酸	2.78 ±0.15	2.66 ±0.23
酪氨酸	2.26 ±0.32	2.27 ±0.16
组氨酸	2.01 ±0.23	1.90 ±0.18
精氨酸	3.95 ±0.17	4.00 ±0.22
丙氨酸 *	3.75 ±0.32	3.75 ±0.29
天冬氨酸 *	6.46 ±0.28	6.35 ±0.17
谷氨酸 *	9.97 ±0.18	10.37 ±0.24
甘氨酸 *	3.23 ±0.09	3.32 ±0.06
丝氨酸	2.81 ±0.22	2.85 ±0.23
脯氨酸	2.38 ±0.18	2.44 ±0.19
总氨基酸	63.23 ±0.56	62.45 ±0.62
必需氨基酸	24.25 ±0.34	23.75 ±0.43
必需氨基酸比例	38.30	38.03
鲜味氨基酸	23.41 ±0.31	23.79 ±0.27
鲜味氨基酸比例	36.97	38.09
EAAI	85.89	83.00

注：* 鲜味氨基酸

从表 7-2 可知，冷熏鱼制品中必需氨基酸含量高于热熏鱼制品，两者在必需氨基酸占氨基酸总量以及鲜味氨基酸占氨基酸总量方面，无显著性差异。总体上看，鱼肉的氨基酸营养价值较高且不同熏制方式对氨基酸组成和含量没有显著影响。

表7-3 脂肪酸相对含量(占脂肪酸含量,%)

脂肪酸	冷熏	热熏
豆蔻酸	1.66 ±0.11	2.09 ±0.21
棕榈酸	18.62 ±0.22	18.82 ±0.31
十七碳酸	0.10 ±0.01	0.22 ±0.07
硬脂酸	2.61 ±0.17	3.04 ±0.13
花生酸	0.10 ±0.01	0.12 ±0.02
棕榈油酸	3.36 ±0.21	3.16 ±0.18
十七碳一烯酸	0.11 ±0.02	0.18 ±0.04
油酸	35.27 ±0.21	34.51 ±0.32
贡多酸	1.76 ±0.15	1.71 ±0.03
亚油酸	23.60 ±0.23	23.54 ±0.28
α-亚麻酸	0.47 ±0.02	0.47 ±0.04
二十碳二烯酸	1.10 ±0.11	1.06 ±0.32
二十碳三烯酸	0.13 ±0.04	0.31 ±0.07
花生四烯酸	0.58 ±0.03	0.43 ±0.06
α-亚麻酸	2.55 ±0.12	2.95 ±0.21
二十碳五烯酸	2.37 ±0.20	2.76 ±0.32
二十二碳五烯酸	0.73 ±0.15	0.55 ±0.15
二十碳六烯酸	5.00 ±0.11	4.07 ±0.09
饱和脂肪酸	22.99 ±0.33	24.17 ±0.23
单不饱和脂肪酸 MUFA	40.50 ±0.25	39.56 ±0.34
多不饱和脂肪酸 PUFA	36.63 ±0.35	36.26 ±0.28
EPA + DHA	7.37 ±0.26	6.83 ±0.22
AI	0.33	0.36
TI	0.36	0.38

注:SFA 为饱和脂肪酸总量;MUFA 为单不饱和脂肪酸总量;PUFA 为多不饱和脂肪酸总量;AI 为致动脉僵硬化指数;TI 为致血栓指数。

从表7-3可知,在两种烟熏鱼中共检测到18种常见脂肪酸,其中饱和脂肪酸(SFA)5种、单不饱和脂肪酸(MUFA)4种,多不饱和脂肪酸(PUFA)9种。烟熏草鱼片中脂肪酸组成均是单不饱和脂肪酸 > 多不饱和脂肪酸 > 饱和脂肪酸,饱和脂肪酸含量较低。

熏制方式对熏制品的质构特性、营养成分有很大影响。从必需氨基酸指数和多不饱和脂肪酸含量来看,冷熏草鱼的营养价值要略优于热熏草鱼片,但两者的营养成分总体上相差不大。

第三节　烟熏制品的主要生产工艺

一、烟熏水产品

烟熏作为传统的加工方式，在国内外均有悠久的历史，现在的烟熏加工主要是为了呈味和发色，烟熏时间控制在数小时以内。目前，越来越多的水产原料也用于烟熏加工，常用的辅料为植物油、食用盐、白砂糖、酱油、谷氨酸钠、茴香、桂皮、丁香、葱、姜、黄酒等。

（一）烟熏淡水鱼

1. 原料

大宗淡水鱼（鲜度达到一级）、食糖、食盐、味精、烟熏木粒（硬木碎块碾成小颗粒状）。

2. 工艺流程

大宗淡水鱼→去鳞→清洗→剖杀、去内脏→二次清洗→调味→干燥、烟熏→真空包装→速冻→冻藏。

3. 操作要点

（1）去鳞：刮净鱼体表面的鳞片，保持体表不伤。

（2）清洗：自来水清洗去除鱼体表面的黏液、鳞片及杂质。

（3）剖杀：三刀法：从鱼体背面剖开，沿尾部直到头部，摊平，带中骨一面再剖一刀，保持鱼体表面不破、不断开。这样完整展开后可以使鱼体厚度基本保持一致，不但可以在调味过程中入味均匀、迅速，还使鱼体在烟熏、干燥过程中除去水分，并保持整条鱼的品质基本一致，达到全鱼均匀。

（4）去内脏：去除鱼体的内脏、血污及部分油脂。

（5）二次清洗：彻底去除鱼体内脏、污物，清洗干净鱼体。

（6）调味：采用液体浸泡的方式用事先配制好的食盐、食糖、味精等调味料混合溶液对鱼肉进行调味处理，这样调味比较均匀，入味速度快，传统烟熏加工的处理方法一般为单一的采用食盐干腌的方式。调味时利用湿腌方式添加味精、糖等调味料，可使调味更加均匀，而且味道更加丰富，改善最终产品的风味。

（7）干燥、烟熏：采用干燥和烟熏相结合的方式进行处理，既可以使产品呈烟熏色、有烟熏味，达到烟熏的目的，又可使水分含量达到要求，缩短烟熏时间，加快干燥过程。

(8)真空包装:采用单条真空包装的方式对产品进行包装处理。

(9)速冻:利用速冻库或单冻设备先进行速冻处理,使产品中心温度快速达到-18℃。

(10)冻藏:在-18℃以下的环境中冻藏,不得与有毒有害物质混放。

(二)烟熏香糟鱼

1. 原料

原料:鲜活大宗淡水鱼、酱香型白酒酒糟。辅料:复配果木木屑熏烟料、食盐、食糖、味精、姜、蒜、胡椒、桂皮及其他各种香辛料等均符合国家食品卫生标准。

2. 产品配方

按腌渍液计:食盐12%、白糖2%、味精1%、花椒0.8%、胡椒1.5%、桂皮2%、大料0.8%、料酒12%、蒜(去皮)5%、姜2%、干酒糟10%。

3. 工艺流程

鲜活大宗淡水鱼→洗涤→去鳞→剖割→去内脏及鱼头→清洗→低温腌制→真空干燥→浸渍调味料→热风干燥→熏制→装袋→真空封口→杀菌→冷却→包装→成品。

4. 操作要点

(1)原料要求:采用无污染水域养殖或天然水域生长的大宗淡水鱼,要求鲜活,鱼体重在1千克以上为佳。

(2)洗涤:将鱼体浸泡在0.2%碳酸钠溶液中浸泡5分钟,取出用清水冲洗,观察pH值的变化,冲洗至pH为中性为止。

(3)去鳞:去鱼鳞,注意不要损伤鱼皮,以免影响成品整体感官效果。

(4)剖割、去内脏及鱼头:个体较大的鱼体在背部斜切两刀,这样既可节省腌制的用盐量,扩大鱼体与食盐的接触面积,加速食盐的渗透速率,还有利于干燥和入味。但不要割断鱼骨,以免影响鱼体的完整和美观。鱼体去除内脏时,不得将鱼胆弄破(胆汁会使鱼肉发苦)。

(5)清洗:逐条洗净腹腔内残留的内脏、黑膜及血污物等,然后用流动清水漂洗15~30分钟,漂洗期间要翻动鱼体,确保洗净。

(6)低温腌制:沥干水分,按配方要求加入盐、花椒,先用80%的盐和花椒与鱼体拌和均匀,逐条整齐地排列于容器中,然后用20%的盐均匀撒在腌制鱼体表面最上层,作为封顶盐。在低温腌制室中腌制36小时后,会形成相当数量的鱼卤,腌制时需上下翻动一次,可加压加速食盐的渗透。

(7)真空干燥:腌制后鱼体放入真空干燥机中45~50℃,0.08兆帕真空干燥6

~10小时。

(8)浸渍调味料:将真空干燥过的鱼体在调味料中浸渍15~25小时,以液体覆盖住鱼体为限。

(9)热风干燥:将浸渍调味后的鱼体送入热风干燥机中40~60℃干燥,直至鱼体含水量为25%~45%,干燥风速为2~5米/秒。

(10)熏制:采用三种果木木屑复配成的烟熏料在烟熏室中低温熏制3小时。

(11)装袋和真空封口:将熏制好的鱼体按要求装入包装袋中,真空封口,真空度为0.09兆帕。

(12)杀菌冷却:在杀菌锅内进行杀菌,杀菌后冷却至室温。

二、液熏水产品

目前,美国约90%的烟熏食品是由液熏法加工而成,烟熏液的用量每年达10000吨;日本的年用量达700吨。中国目前仍处于推广应用阶段,年需求量将达200吨。因此,液熏法在水产食品加工中的应用具有广泛的市场前景。欧美国家大多比较喜欢熏制食品,因此液熏罗非鱼、鲱鱼、三文鱼、金枪鱼等占有一定的水产制品市场份额。

(一)液熏草鱼块加工工艺

1.原料

草鱼、各种调味品、清香2002型烟熏液。

2.工艺流程

草鱼→去头、去内脏→开片→洗净→冷冻去皮→切块(切成长4厘米、宽2厘米、厚1厘米的块)→调味浸渍→油炸→二次调味及液熏→干燥→包装→灭菌→常温贮存。

3.配方

(1)五香风味配方一:绵白糖2%、姜粉0.5%、生抽2%、老抽3%、料酒3%、花椒面0.3%、五香粉1%,鱼体与纯净水的质量体积比为10:1(克/毫升)。

(2)麻辣风味配方二:绵白糖2%、姜粉0.5%、生抽2%、老抽3%、料酒3%、花椒面0.5%、辣椒面2%,鱼体与纯净水的质量体积比为10:1(克/毫升)。

4.操作要点

(1)原料处理:原料去头、去内脏,切片,用流动水洗净鱼体表面的黏液和杂质,洗净腹腔内的黑膜、血污等,整平,放入冰箱内冷冻,冻结后拿出去皮,切成长4厘米、宽2厘米、厚1厘米的块状。

(2)调味浸渍：将辅料按2%的糖、0.5%～2%的食盐、鱼体：纯净水＝10∶1(克/毫升)混合均匀，将鱼块轻放入调味液中浸渍1小时。浸渍期间每隔15分钟翻动一次，使渗透均匀。

(3)油炸：油炸锅油温升至190℃后将鱼块放入锅中炸2分钟，晒干，放凉，盛出。

(4)二次调味及液熏：采用调味与液熏相结合的方式，将辅料按照各风味配方比例混合均匀形成调味液，在调味液中加入一定比例的烟熏液，混合均匀。将鱼块放入调味液中浸渍1～2小时。浸渍期间每隔30分钟翻动一次，使渗透均匀。

(5)干燥：将浸渍完的鱼体放入鼓风干燥机内80℃干燥0.5～1小时。

(6)产品包装、杀菌、贮藏：将产品放入高温蒸煮袋中，抽真空封口后，121℃高温杀菌20分钟。最后常温贮存。灭菌参数按照SB/T10379－2004中烟熏制品标准要求烟熏制品质量。

(二)液熏鳙鱼

1. 原料

鲜鳙鱼、山楂核液熏香味料Ⅰ号和Ⅱ号、PET12/CPP70型高温蒸煮袋、食盐、蜂蜜、白砂糖、味精、茶叶、醋、白酒、香辛料等。

2. 工艺流程

新鲜鳙鱼→预处理→去骨、去皮→漂洗→沥干→去腥→沥干→调味液配制→腌制、液熏→漂洗→烘干→熟制→真空包装→杀菌→冷却→成品。

3. 操作要点

(1)预处理：将新鲜鳙鱼用清水洗净，去头尾、剖腹去内脏，洗净腹腔内的黑膜及血污。

(2)去骨去皮：去头后沿中骨从鱼尾朝头方向剖开，得无骨鱼片，切成长7厘米、宽5厘米的鱼片，同时剥去鱼皮，最后将剖好的净鱼肉平铺台上，清除鱼体腹的腹刺、边刺、血迹、污物等，并将鱼边修理平直。

(3)漂洗：用流水漂洗，除去鱼肉表面污物。

(4)沥干：将漂洗好的鱼肉放置在箅子上自然晾干，直至鱼肉表面无明显水渍。

(5)去腥：将经过沥干的鱼肉浸泡于去腥剂中去腥。

(6)调味液配制：采用中国川菜、粤菜中常用卤水制作方法。配方为：白沙糖250克、桂皮10克、草果10克、甘草10克、花椒15克、豆蔻5克、八角25克、小茴15克、丁香10克、三奈5克、生姜100克、砂仁头10克、葱150克、料酒100克、清水5000克。将香料分2份，装入纱布扎紧口，姜拍破、葱挽结待用。锅内掺水，放姜葱、香料袋，用小火熬至香味四溢即成卤水初坯，用时勾兑成10%的盐卤水，可据所需对其进行改良。

(7)液熏剂的选择:用质量分数10%的盐水将熏液稀释为3%的溶液,以鱼肉:熏液(克:毫升)为1:5的比例液熏2小时后取出进行色差和感官评定,并与烟熏产品进行比较,从中选出合适的液熏剂及浓度。

(8)涂抹:将鱼肉在10%盐水中腌渍2小时后分别涂抹含3%(重量/重量)熏液、5%(重量/重量)蜂蜜的混合液,并注射浓度为3%的熏液。

(9)烘干:液熏后的鱼肉50℃真空干燥1小时,然后于60℃热风悬挂干燥2小时。

(10)熟制:将干燥好的鱼肉采用下述3种方法熟制。油炸:鱼肉放入油温为150～180℃的油锅内炸5～8分钟;蒸煮:鱼肉包装入袋,放入杀菌锅,杀菌同时对其进行加热;烘烤:鱼肉烘干后放入90℃烘箱内熟制2小时。

(11)杀菌冷却:真空包装后的产品于杀菌锅中杀菌,间隔时间不得超过30分钟。15分钟预热,20分钟杀菌,15分钟冷却,杀菌温度116℃。

(三)喷雾熏制鱼

1. 原料

鲜度良好平均重量为105克/片的大宗淡水鱼片,食盐、食糖、味精、料酒等,符合国家食品卫生标准,烟熏液Smokez Enviro 24。

2. 工艺流程

鱼片→清洗→盐腌、调味→脱盐→沥干→喷雾熏制→干燥→冷却至室温→包装→成品→冷藏/冻藏

3. 操作要点

(1)原料接收:冰冻原料购入后于－18℃保存。

(2)原料解冻:取出原料,放入解冻箱中用不高于5℃的流水解冻。

(3)清洗:鱼片从解冻箱中取出,在冰水中进行清洗,清洗后的鱼片放入塑料周转筐中。

(4)盐腌:将清洗后的鱼片放入已混合均匀的15%(重量/重量)盐、0.5%(重量/重量)味精、5%(体积/重量)料酒调味液中,鱼:水为1:1(重量/体积),在4℃冷藏条件下进行腌制60分钟。

(5)脱盐:用5～10℃的流水将鱼片表面的盐水及血水洗净。

(6)沥干:将脱盐后的鱼片置于烟熏炉架上干燥(15～20℃),直至鱼片的表面没有明显的水珠时结束干燥。

(7)喷雾:喷雾过程中要将烟熏炉箱体的温度控制为20～23℃,液体烟熏液的流量6升/小时,喷雾熏制20分钟。

(8)干燥:温度可以比前面两步工序的稍高,以加速液体烟熏液的渗透,干燥60分钟。

(9)冷却至室温:干燥后将其冷却至室温,时间为1~2小时。

(10)包装:将熏制好的鱼体按要求装入包装袋中,真空封口,真空度为0.09兆帕。

(11)冷藏/冷冻:将熏制包装好的制品置于-18℃中贮藏。

第四节 烟熏制品的主要设备及参数

基于烟熏制品的生产工艺,烟熏制品的生产设备主要包括去鳞机、清洗机、切片机、烟熏机、包装机、灭菌机等。因烟熏制品的生产工艺与第二章介绍的鱼体剖杀和第五章中介绍的腌鱼制品的某些加工工序相同,如去鳞机、切片机、包装机、灭菌机等,故本节主要介绍烟熏机。烟熏机设备由烟熏箱、自动程序控制器、烟雾发生器、烟熏车四部分组成。烟熏设备采用PLC自动编程控制,操作方便简单。干燥、蒸煮、烟熏工序可按设定时间自动转换,烟熏温度按设定值自动调节,烟熏工序结束自动显示;主循环风扇送风均匀,使炉体内温度均匀,烟熏设备特别采用了双层不锈钢散热器,炉温升温迅速,干燥效果极佳。烟熏设备附有喷淋、清洗功能;采用设定参数方式,通用性广,烟熏设备自动运行中的参数可修正。

第八章 大宗淡水鱼鱼糜制品的工业化加工技术

鱼糜制品营养丰富、蛋白高、脂肪低、原料来源丰富,不受鱼种和鱼体大小的限制,并可就地及时加工,且产品具有食用方便、美味可口、风味独特等优点,因此受到消费者的普遍欢迎。鱼糜制品加工在我国已有悠久的历史,具有代表性,我国传统特色的鱼糜制品有福建鱼丸、云梦鱼面、江西燕皮以及山东鱼肉饺子等。目前,鱼糜制品主要包括鱼丸、鱼糕、鱼香肠、鱼肉香肠、模拟蟹肉、模拟虾肉、模拟贝柱、竹轮和天妇罗等。生产鱼糜制品的主要国家有中国、日本、美国、俄罗斯、韩国、智利、阿根廷、新西兰、新加坡和欧盟各国等。

第一节 原料要求及加工原理

原料鱼经采肉、漂洗、精滤、脱水、搅拌后,加2% ~3%的食盐,再经擂溃或斩拌、成型、加热和冷却制成各种鱼糜制品。鱼糜制品在制作过程需添加辅料和食品添加剂,因此,辅料和添加剂种类和用量的不同将影响鱼糜制品的品质。辅料主要包括鱼糜用水、油脂、淀粉、植物蛋白、明胶、蛋清等,添加剂包括品质改良剂、调味品、香辛料、杀菌剂、防腐剂和食用色素等。

一、鱼糜生产用水

生产用水是指直接与原料及其制品接触的用水，在鱼糜制品生产过程中，水质与产品质量密切相关。鱼糜生产用水包括清洗鱼体外部和腹腔内污物的水、漂洗鱼糜的水、在擂溃中加入到原料鱼糜以及溶解辅料的水。由于鱼糜蛋白质在漂洗和擂溃中常因温度上升而变性，导致产品凝胶强度下降，所以在这两道工序中所用的生产用水必须是5～10℃的冷却水或冰水。

鱼糜生产用水的水质必须与生活饮用水相同，一般以自来水为生产用水时可直接使用，而以井水、泉水或其他水源为生产用水时则必须对水质进行检验，因为井水和泉水都是硬水，含有较多无机盐离子，直接加入到鱼糜中时，可能会因离子强度过高而导致蛋白质变性。

二、油脂

油脂在鱼糜制品中的主要作用是增强和改变鱼糜制品的风味、质地和外观，使其爽口、润滑和柔软，主要包括动物脂肪和植物油，其中动物脂肪主要包括猪脂、牛脂和羊脂，特点是含有较多的饱和脂肪酸，凝固点较高。目前，国内生产鱼糜制品所用的动物脂肪大部分是猪油、少量是牛油，添加量约为5%。植物油主要包括大豆油、菜籽油、花生油和米糠油等，特点是富含不饱和脂肪酸，凝固点较低，分散性较好。目前，鱼糜制品的植物油添加量约为10%。

三、淀粉

鱼糜制品中添加淀粉不仅可以降低生产成本，还能提高鱼糜的黏度和鱼糜制品的凝胶强度。应用于鱼糜制品中的淀粉主要包括马铃薯淀粉、小麦淀粉、山芋淀粉和玉米淀粉。但是，含淀粉多的鱼糜制品在低温（5℃以下）下贮藏老化程度大，会使凝胶变脆，水分游离，甚至产生龟裂现象，严重影响产品的质量，因此，添加的淀粉含量一般是5%～20%，高品质的鱼糜制品的淀粉含量都不高，含淀粉的鱼糜制品不宜在低温下长时间放置和贮藏。

鱼糜制品中所用的淀粉都必须符合国家食品卫生使用标准，水分含量≤20%。在贮运中要注意包装，放在清洁、干燥、通风设施良好、温度≤15℃、相对湿度≤70%的仓库中，以防止发生潮湿结块和霉变。

四、植物蛋白

植物蛋白在鱼糜制品中的作用是增加产品弹性，主要包括大豆蛋白制品和小麦蛋白两大系列：

(1)大豆蛋白制品：大豆蛋白制品包括脱脂大豆粉、浓缩蛋白、抽提蛋白和分离蛋白四种。其中浓缩蛋白和分离蛋白的质量较好，无腥味、色泽淡，使用量较多，在鱼糜制品中的添加量约为5%。

(2)小麦蛋白：小麦蛋白又称活性谷蛋白，加入到含有2.7% ~3%食盐的鱼糜中再加热至80℃以上时，可起到增强制品弹性的作用。

五、明胶和蛋清

明胶和蛋清都是动物蛋白质，在鱼糜制品中也作为弹性增强剂使用。

(1)明胶：明胶在鱼糜制品中的添加量一般为3% ~5%，它能填满肌纤维的间隙，不仅能增强鱼糜制品的弹性，还能增加其切断面的光泽，即使切薄片时也不易崩裂，并使各种辅料和添加剂在鱼糜中均匀分布。

(2)蛋清：在鱼糜中一般使用全蛋清，当蛋清添加量为10%时，鱼糜制品的凝固强度最好；当蛋清添加量为20%时，鱼糜制品有柔软感，感官评价最佳；但当添加量大于20%时，其弹性补强效果反而下降，且有蛋白腥味，产品品质降低。

研究表明新鲜全蛋清和冷冻全蛋清的弹性增强效果几乎没有差别，而咀嚼和光泽前者较好；干燥蛋清粉的弹性增强效果比冷冻蛋清差，但白度很高；加盐全蛋清比冷冻全蛋清的添加效果差，白度也比较低。

六、调味品

优质的鱼糜制品不仅营养丰富，而且滋味鲜美。在鱼糜制品的加工中，为了生产出色泽白、弹性好的优质食品，往往要用水对原料鱼肉进行多次漂洗，这样鱼肉中许多重要的呈味物质就会流失掉，因此添加合理的调味品对鱼糜制品来说显得更为重要，而且还会呈现出各种不同的良好风味。

(一)味精

在鱼糜制品中为了调节咸味、增添鲜味都要添加味精。其使用量为食盐用量的20% ~30%或鱼糜原料量的0.40% ~1.0%。除味精外，大部分游离氨基酸也都可以作鲜味剂，另外，与肌苷酸合并使用时，其呈味作用具有协同效果。因为汤汁中含有多种呈味物质，所以某些工厂在鱼糜制品的加工中加入多种动物浸出汤汁作为调味剂，也能起到很好的效果。

（二）糖

糖是主要的甜味剂，其主要成分是蔗糖。加糖可以减轻咸味，还起到调味、防腐、去腥、解腻、防冻结变性和保水等作用。在冷冻鱼糜生产中加入适量的蔗糖，可以降低鱼肉的冰点，减轻蛋白质的冷冻变性，防止水分的流失，提高产品的质量。在鱼香肠中加入糖，能防止亚硝酸钠的氧化并起到辅助发色的作用，在鱼糜制品中一般用砂糖，且添加糖的量要因地而异，一般来讲，我国有南甜北咸的习惯，销往南方的鱼糜制品添加的糖量可控制在鱼糜总量的3% ~5%之间，而北方的制品用糖量在1% ~2%。

（三）食盐

食盐不仅可以调味，还具有盐溶作用，在擂溃中添加食盐可使盐溶性蛋白充分溶出形成溶胶，随之加热后赋予制品弹性。此外，食盐具有解除腥味、抑菌、防腐的作用。食盐的添加量一般为鱼糜量的2% ~3%。由于精盐具有吸湿性和吸收异味的特性，因此，应在相对湿度75%以下的干燥仓库中贮放，并避免与有异味的物质放在一起。

（四）黄酒

黄酒（料酒）色泽棕黄、澄清、味醇、含乙醇12%（体积分数）以上。因黄酒中的乙醇能渗入到鱼肉组织内部，溶解其中呈腥味的物质，而在加热或油炸过程中，又可随着乙醇一起挥发掉，因此鱼糜制品中常添加一些黄酒以除去鱼腥味，此外，鱼糜制品中添加黄酒会使鱼肉产生一种鲜美、醇香的滋味。

七、香辛料

香辛料呈现的风味主要是辛辣味和香味。辣味是各种味中刺激性最强的滋味，感觉也最为灵敏，适量使用可以增加风味，促进食欲，帮助消化，并起到促进血液循环的作用。各种辛辣成分具有一定的杀菌能力，可以延长鱼糜制品的贮藏期限，并且与香味成分一起使用还可以改善食品的风味，并可起到矫臭的作用，但必须合理调配成分。在鱼糜制品中一般是使用香辛料的抽提液，或使用加工后的香辛料粉末。另外，由于香辛料主要是来源于植物部分，存在易污染的芽孢杆菌，所以最好在使用前进行加工和杀菌。下面将对几种典型的香辛料进行介绍：

（一）辣椒

鱼糜制品中使用的辣椒是经加工过后的辣椒粉，其调味效果十分明显，加入量以适口为佳,还要注意不同地区人们的消费习惯适当搭配。

(二)姜

鱼糜制品中多使用姜汁进行调味,它除了具有较强的去腥和解毒作用外,还有一定的抗氧化功效。姜在鱼糜制品中的添加量很小,一般视原料新鲜程度而定,鲜度较差的原料可多加些。此外,姜还具有发汗、散寒、止呕、祛痰等功效。

(三)胡椒

胡椒是一种辛辣植物,胡椒粉有一定的抗氧化作用,呈辛辣味的主要成分是结晶状的胡椒碱和油状的异胡椒碱。在鱼糜制品调料中,主要用商品胡椒粉,且多用白胡椒粉,加入量较少,视产品需求而定。

(四)葱

在鱼糜制品(尤其是油炸类制品)中,一般使用葱汁去腥。葱是植物的茎叶部分,其呈味成分主要是两种:一种是挥发性油中的大蒜辣素,又香又辣;另一种是油脂性挥发液体—硫化丙烯,有辛辣味和杀菌能力。

(五)蒜

蒜是植物的鳞茎,它的辣味成分是两种挥发油:一种是大蒜辣素,另一种是含硫的大蒜素,又香又辣。在鱼糜制品中一般使用捣碎后的蒜汁来进行调味,与姜和葱一样,蒜具有去腥和杀菌作用,同时还有刺激食欲、帮助消化的功效,但因其有强烈的刺激性气味,用量不宜过多。

八、食用色素

食用色素可分为合成色素和天然色素两大类,在鱼糜制品中一般使用天然色素。色素的使用方法主要有:①直接添加到鱼糜制品中,如鱼红肠;②给鱼糜制品着色,即在鱼糜制品加工即将完成时,在其外表面涂上不同的色素,以增加产品的色泽,满足消费者的需要,如模拟蟹肉和鱼糕产品表面的红色。目前我国允许使用的天然色素有红曲米、紫胶色素、甜菜红、姜黄、红花黄、β－胡萝卜素、叶绿素铜钠及焦糖等。

九、其他添加剂

为了改善和提高鱼糜制品的弹性、食味、外观、贮藏期、营养价值等,除了在制品中添加上述辅料外,还可根据产品的要求,添加下列添加剂。

(一)乳化稳定剂

主要的作用是使添加的各种辅料和其他添加剂与鱼糜充分地乳化,在鱼糜制品中常用的乳化稳定剂有卵磷脂、蔗糖脂肪酸酯和酪氨酸钠等。

（二）抗氧化剂

鱼糜制品中含有一定量的脂肪，尤其是含有较多的不饱和脂肪酸，容易氧化而影响产品质量，为防止脂肪酸的酸败，延长贮藏期，一般都需要加入适量的抗氧化剂，如维生素 E、L－抗坏血酸、L－抗坏血酸钠、烟酸胺和 TBHQ 等，其中维生素 E 还有一定的营养价值，而 L－抗坏血酸及其钠盐有促进亚硝酸的发色作用和抑制硝基胺生成的效果。

（三）辅助呈味剂

辅助呈味剂主要是起增强鲜味功效，与味精、肌苷酸混合使用有风味叠加的效果。这部分辅助呈味剂主要由各种氨基酸组成，常用的有甘氨酸、天冬氨酸钠等。

（四）保水剂

主要是复合磷酸盐，包括三聚磷酸钠、焦磷酸钠、六偏磷酸钠等，它们可在一定程度上防止蛋白质变性，从而提高鱼糜的持水能力、增强弹性、防止水分及相关呈味物质的流失、增强制品的风味。这类添加剂还具有一定的抗冻作用。聚磷酸盐最适添加量为鱼肉的 0.2% ~0.3%，添加量达 0.5% 时，制品将产生异味，而且也不再增加蛋白质的溶解度。

（五）pH 调节剂

pH 调节剂一般分为两类：①提高鱼糜的 pH，如上述的复合磷酸盐（三聚磷酸钠、焦磷酸钠），使 pH 远离鱼肉的等电点，并向中性或偏碱性方向扩展，从而提高鱼糜的保水性和弹性。②降低 pH，常用的有柠檬酸、葡萄糖酸内酯、富马酸钠等，使鱼糜 pH 调向酸性，可抑制真菌生长繁殖，增加贮藏期。但一般在生产中不常用，因为 pH 过低会导致鱼糜制品弹性的下降。

（六）发色剂

常用的是硝酸钠和亚硝酸钠，一般是两者混合使用。发色剂能使肌肉中血红素保持其还原性，促使高铁血红素还原为低铁血红素，从而使肌肉保持鲜红色。但发色剂的使用量必须严格控制，以免产生毒性和诱发其他疾病，硝酸钠和亚硝酸钠的使用量参照国家食品添加剂使用标准 GB2760－2011。

（七）防腐剂

常用的有山梨酸、山梨酸钾，可抑制真菌、酵母菌、好气性细菌的生长繁殖，从而延长产品贮藏期，和亚硝酸钠并用可延长产品保存期。

（八）营养强化剂

常用的有维生素 A、维生素 B、维生素 D、钙盐、赖氨酸等，一般可根据不同消费对象添加不同的营养强化剂，调整产品的组分含量，提高其营养价值。

(九)抗冻剂

抗冻剂的作用主要是防止鱼糜蛋白质在冻结冻藏中的变性,使用最多的是蔗糖,与山梨醇结合使用时效果更佳。此外,麦芽糖醇和谷氨酰胺转氨酶(TG 酶)也都具有一定的抗冻作用。

(十)网状结构强化剂

1. 氧化剂

鱼糜制品中添加0.35以下的溴酸钾能使蛋白质中巯基氧化形成二硫键,强化网状结构。溴酸钾的氧化反应非常快,因此要在临近擂溃结束时添加,并立即成型,尽可能使鱼肉温度保持在低温状态,以控制凝胶化进程。对于弹性强的鱼类,使用溴酸钾后会使其鱼糜制品失去柔软性,反而口感变差。而对于凝胶形成能差的原料鱼,使用溴酸钾则有显著的促进作用,故溴酸钾等网状结构强化剂,适用于可以在擂溃中保持低温的鱼糜。

2. 谷氨酰胺转氨酶(TG 酶)

TG 酶为聚缩氨酸单链,能与蛋白质中的谷氨酸残基、赖氨酸残基形成交联反应,具有催化转氨反应速度的功能。在鱼糜中添加鱼糜重量0.5%~1.0%的TG 酶(纯度约为1%),经30~40℃保温1~2小时后,其各类弹性指标均有不同程度的提高。

3. 其他促进剂

赖氨酸、精氨酸、鸟氨酸等碱性氨基酸添加于鱼糜制品中可以增强鱼糜制品的弹性,添加量为鱼糜量的0.2%~0.55%。但是碱性氨基酸在加热时,会与葡萄糖等各类还原糖发生美拉德反应,使制品褐变。促进凝胶化的氯化钙也是在蛋白质负电荷间形成架桥,强化网状结构。由于氯化钙具有促进凝胶化的功效,应在擂溃即将结束前添加。另外,氯化钙添加量过大会产生苦涩味,一般添加量为0.1%~0.3%。

第二节　鱼糜加工工艺及凝胶化过程

鱼糜是指鱼肉经采肉、漂洗、精滤、脱水、搅拌、成型、冷冻等加工后的一种新型原料,它是生产各类鱼糜制品的原料,包括无盐鱼糜和加盐鱼糜两种。无盐鱼糜冷藏比较适用于长期贮藏,而加盐鱼糜冷藏适用于短时间贮藏。无盐鱼糜一般添加5%左右的蔗糖和0.2%~0.3%食品级多聚磷酸盐(焦磷酸钠和三聚磷酸钠各50%),加盐鱼糜主要添加5%蔗糖、5%山梨醇和2.5%食盐即可。

一、鱼糜的加工工艺

(一)冷冻鱼糜的加工工艺流程

原料鱼→预处理→采肉→漂洗→脱水→精滤→搅拌→称量→包装→冻结

(二)冷冻鱼糜加工工艺要求

1. 原料鱼种

原料鱼以刚捕获的新鲜鱼或冰鲜鱼为好,选用新鲜度良好的大宗淡水鱼类,即处于鱼体僵硬阶段的鱼类,原料的新鲜度是非常重要的,鲜度不好将严重影响鱼糜制品的弹性、呈味性和贮藏性,尤其对凝胶形成能力影响较大。鱼类的新鲜度与捕捞方法也有一定的关系,一般来讲,鱼类在死亡之前挣扎少,加工后鱼糜的质量就好;经过剧烈的挣扎后,鱼体内能量消耗过多,鲜度就差,容易变质。以拖网作业为例,即使是一网中的鱼,网底鱼的鲜度就比网面上的鱼要差些。

2. 预处理

目前,大多数加工厂还是用冷冻鱼作为加工原料,且原料鱼处理采用人工的方法。先用洁净的低温水冲洗,水温不宜超过10℃,除去表面附着的黏液、捕获及运输过程中沾染的污物,通过洗涤可使表面的细菌数减少80~90%。然后用鱼体处理机或手工方法进行去鳞、剖割、去头、去内脏。剖割的方法有两种,一种是背割,沿背部中线往下剖;第二种是切腹,从腹部中线剖开,再用水进行第二次清洗,其目的是减少鱼体表面的细菌和清除腹腔内的残余内脏或血污和黑膜等,否则内脏或血污中存在的蛋白酶即使在很低的温度下仍然能分解蛋白质,从而使冷冻鱼糜的质量下降。所以,在冷冻鱼糜生产中,要特别注意小杂鱼和低值鱼的清洗。一般需要洗涤2~3次,水温要控制在10℃以下,以防止蛋白质的变性。国内一些鱼糜制品加工厂已陆续采用切头机、除鳞机、洗涤机、剖片机等综合机器进行自动化加工,从而大大提高了生产率。

3. 采肉

预处理后的鱼可用采肉机将鱼肉和皮、骨分离,采肉机包括滚筒式、圆盘压碎式和履带式三种。理想的采肉机既要有较高的采肉率又要减少碎骨皮屑等杂物混入,且采肉时升温小,以免蛋白质热变性。我国目前使用较多的是滚筒式采肉机,采肉时,当鱼体进入带网眼的滚筒和与滚筒一起转动的宽平的橡胶圈之间,靠滚筒转动和橡胶圈的挤压作用,把鱼肉从滚筒的网状孔眼中挤出来,达到鱼肉与骨刺、鱼皮分离的目的。采肉机滚筒上网眼的孔径范围在3~5毫米之间,可根据实际生产需要自由选择,用3毫米孔径滚筒采取的肉中骨、刺少,但易引起鱼肉纤维损伤,漂洗工序中流失较大，比5毫米孔径滚筒的采肉率要低。采肉机采肉率一般在40%～65%，其与原料鱼种有关。另外，同一种鱼的得肉率还与橡胶皮带与金属滚筒之间的紧密程度有关，两者之间越紧密，采肉率就越高。

冷冻鱼糜对加工原料的质量要求比较高，其原料通常是第一次采下的鱼肉。由于任何形式的采肉机均不能把鱼肉采取干净，在废料中仍带有少量鱼肉，因此，常要进行第二次采肉，但第二次采得的鱼肉质量较第一次差，色泽深并带有一些碎骨屑，一般只能用作油炸鱼糜制品原料，所以，两次采得的鱼肉要分开存放。目前，已经有针对不同鱼类特点的各种类型的采肉机，采肉机有二机、多机联合使用。所谓二机使用就是用输送带将原料鱼送入第一台采肉机的进料口进行采肉，采下的鱼肉落入漂洗槽，采后的废料落在下面第二台采肉机的进料口，再一次采肉，取下的肉落入漂洗槽，废料通过输送带进行收集。这样，上面一台采肉后的废料就可作为下面一台的原料直接投入，可节省劳力并提高效率。

4. 漂洗

采集的碎鱼肉送到漂洗槽中用水漂洗，漂洗的目的有两个：一是除去血液、尿素、色素、脂肪、水溶性蛋白、酶和一些含氮化合物，以改良鱼糜的色泽、气味及组织特性；二是浓缩功能蛋白——肌动球蛋白（又称肌纤维蛋白），以提高肌纤维蛋白的浓度，使鱼糜具有弹性。漂洗是生产冷冻鱼糜及相关鱼糜制品的重要工艺，对提高鱼糜制品的质量及其贮藏性能，扩大生产所需原料的品种范围都起到了很大的作用。此外，漂洗可以改善鲜度，且冷冻的原料鱼可以通过漂洗来改善鱼糜的质量，提高鱼糜弹性和白度。下面将介绍一些有关漂洗的要求和注意事项。

（1）漂洗的方法：白色肉鱼类（如白鲢、青鱼、鳙鱼等）的漂洗通常采用的是清水漂洗，水的用量一般为鱼量的5～10倍，根据需要的比例将水注入漂洗池与鱼肉混合，慢速搅拌8～10分钟，使水溶性蛋白等成分充分溶出，静置10分钟，使鱼肉充分沉淀，倾去表面漂洗液，再按以上比例加水、搅拌、静置、倾析，如此重复3～7次。

（2）漂洗用水量和漂洗次数：一般来讲，漂洗用水量越多，鱼糜的质量越好。同一种原料，漂洗用水量不同，其凝胶形成能力不同。生产中一般用水量为原料重量的5～10倍，反复漂洗2～3次，每次5～10分钟，在最后一次漂洗时添加0.05%～0.1%食盐（相对于水重），可使漂洗中膨胀的肌肉收缩脱水。漂洗改变了鱼肉的组成，除去了部分水溶性蛋白，提高了肌纤维蛋白的含量，因而改善了鱼糜的弹性。

（3）漂洗用水的水质和温度：漂洗用水对鱼糜的光泽、色泽、质量和成品率有一定的影响。一般自来水可以满足要求，但要避免使用高硬度的水，因为高硬度的水会引起鱼糜在冷藏过程中组织结构和颜色劣化。水温要求控制在3～10℃范围内，过低的水温不利于水溶性蛋白质的溶出，过高则易导致蛋白质的变性。总之，水温不宜高出鱼类生活环境的水温。

(4)漂洗液的 pH 和漂洗的时间:pH 是影响肌肉中肌纤维蛋白质稳定性的重要因素,肌纤维蛋白质一般在中性时比较稳定。鱼类在刚捕获后的 pH 接近中性,随着鲜度的变化,pH 也随之变化。淡水鱼的 pH 一般为 6.2 ~6.6,所以可用清水漂洗淡水鱼,使鱼肉 pH 上升至最适 pH 范围内。漂洗的时间对鱼糜的弹性也有影响,一般掌握在每次 10 分钟左右。漂洗时间太长,会使鱼肉膨胀,难以脱水;漂洗时间太短,水溶性成分难以被充分漂洗除去。此外,漂洗的效果还与搅拌的时间、搅拌的方法等因素有关,需在生产实践中根据实际情况加以确定。

(5)脱水:冷冻鱼糜和鱼糜制品对水分含量有严格的标准。经漂洗后,鱼肉中加入了大量的水,所以必须脱水。可以用以下 3 种方法脱水:第一种是过滤式旋转筛,第二种是用螺旋压榨机压榨除去水分,第三种是离心机离心脱水。鱼糜在脱水后要求水分含量在 80% ~82% 。

影响脱水的因素很多,主要有漂洗液的 pH、盐水浓度和温度等。虽然漂洗液的 pH 为鱼肉的等电点(PI 5.0 ~6.0)时脱水性最好,但在生产上不适用,因为在此 pH 范围内鱼糜的凝胶形成能力差。根据经验,淡水鱼类在 pH 6.9 ~7.3 较有利。在最后一次漂洗时加入 0.1% ~0.2% 的 NaCl,脱水效果较好。温度对脱水效果的影响表现为,温度越高,越容易脱水,且脱水速度也越快,但蛋白质容易变性,所以从实际生产工艺考虑,温度在 10℃附近较理想。

(6)精滤、分级:鱼糜漂洗后需进行预脱水、精滤、分级、再脱水。经漂洗后的鱼糜用网筛或滤布预脱水,然后用高速精滤分级机进行分级,网孔直径为 0.5 ~0.8 毫米。经过高速精滤分级机分级后,可以得到 3 ~4 种质量明显不同的产品。首先分出来的是一级肉,色泽洁白且不溶性蛋白质含量低;其次为二级肉、三级肉和四级肉,肉色逐渐变深,不溶性蛋白质逐渐增多,等级也越来越差。由于脱水后再作精滤处理极易产生热,使鱼浆的温度上升,造成品质下降。目前鱼糜生产企业已改变加工方式,即在水漂洗结束后先经过精滤机去处夹杂物后再脱水、成型等相同的步骤来生产鱼糜制品,其产品的色泽和弹性有明显的改善。

(7)搅拌:鱼糜精滤之后加入抗冻剂与鱼糜搅拌均匀,以防止蛋白质冷冻变性或降低其变性程度。目前用的比较多的标准抗冻结剂的配方为:蔗糖 4% 、山梨醇 4% 、三聚磷酸钠 0.15% 、焦磷酸钠 0.15% 、蔗糖脂肪酸酯 0.5% 。这些复合磷酸盐具有持水和提高鱼糜 pH 的作用,其中,蔗糖和山梨醇能通过改变蛋白质中水的状态而间接地起到防止蛋白质冷冻变性的作用;蔗糖脂肪酸酯主要起乳化作用,使抗冻剂与鱼糜充分混匀。使用的机械有夹套冷却式混合机和斩拌机两种,其中夹套冷却式混合机使用最多。如果使用夹套冷却式混合机,则混合时间为 5 分钟;如果使用斩拌机,则斩拌时间为2~3分钟。

(8)称量、包装:混合后的鱼糜由包装机按规定要求包装成厚4.5~5.5厘米、宽3.5~3.8厘米、长55~58厘米的条块,包装袋为聚乙烯塑料袋,每袋重10千克。包装后由传送带通过金属检测器检查,确保产品中无金属杂物混入。

(9)冻结:包装后的鱼糜用平板冻结机冻结,冻结温度为-30℃左右,时间为3~4小时,然后每箱两块装入硬纸箱,在纸箱外标明原料鱼名称、鱼糜等级、生产日期等相关应注明的事项,最后运入冷库冻藏。冻藏时间应不超过6个月。

二、凝胶形成过程

鱼糜肌肉中的蛋白质一般分为盐溶性蛋白质、水溶性蛋白质和不溶性蛋白质。盐溶性蛋白质,即肌原纤维蛋白质,能溶于中性盐溶液,并在加热后能形成具有弹性的凝胶体的蛋白质,它是由肌球蛋白和肌动球蛋白所组成,是鱼糜形成弹性凝胶体的主要成分。

当加工鱼糜制品时,在鱼糜中加入2%~3%的食盐,经擂溃或斩拌,能形成非常黏稠和具有可塑性的肉糊,这是因为食盐使肌原纤维的粗丝和细丝溶解,在溶解中其肌球蛋白和肌动蛋白吸收大量的水分,并结合形成肌动球蛋白的溶胶。这种溶胶在低温中缓慢地失去可塑性,而在高温中却迅速地形成富有弹性的凝胶体,即鱼糜制品。鱼肉的这种能力叫做凝胶形成能力,由于生产鱼糕的鱼肉都要求具有很强的凝胶形成能力,所以也叫鱼糕生成能力,这是衡量原料鱼是否适宜做鱼糜制品的一个重要标志。这种鱼糜从溶胶体转变为凝胶体的过程包含着两种反应,以肌动球蛋白的热凝固温度(约50℃)为界,一种是在50℃以下形成网状结构的过程,称为凝胶化;另一种是以60℃为中心,在50~70℃发生的构造劣化反应,导致凝胶强度急剧下降的现象,称为凝胶劣化。

在鱼糜制品生产上,一般低温长时间的凝胶化的制品凝胶强度比高温短时的凝胶强度高,但其时间长,因此,在生产中常常采用二段凝胶化以增加制品的凝胶强度。为了生产具有较强凝胶强度的鱼糜制品,一般采用将鱼糜在50℃以下的某一凝胶化温度段放置一定时间后,再加热使其迅速通过60℃左右的温度带,并在70℃以上的温度使碱性蛋白酶迅速失活。由于鱼糜制品中除鱼肉外,还需加入多种辅料和调味品,为了杀菌和煮熟的目的应将产品加热至其中心温度达到75℃以上。

第三节　鱼糜加工关键控制点及加工工艺

一、冷冻鱼糜生产关键控制点

(一)鱼肉蛋白的冷冻变性

鱼糜在生产过程中会发生鱼肉蛋白的冷冻变性现象,包括:

(1)结合水的脱离导致的变性。在冻结过程中,一部分结合水也会结冰,水同蛋白质的主链和支链之间的相互关系就会发生不可逆的变化而使蛋白质变性。

(2)冰、蛋白质和水之间的相互作用引起的变性。蛋白质分子中复杂的三、四级结构是由非极性基团的疏水键和分子内部的氢键来维持,并导致了水合层的破坏,引起了非极性结构的破坏和新结合力的生成,同时由于结晶之间的相互作用,为了维持亲和力的稳定结构,氢键的断裂和生成必然涉及蛋白质分子内部结构的变化,使蛋白质变性。

(3)细胞液的浓缩引起的变性。冰晶的析出,使未结冻的细胞液的浓度升高,使液相中的离子浓度上升和 pH 的变化,引起蛋白质的变性。

因此,鱼糜的生产技术是从有效地防止鱼肉蛋白质冷冻变性的原理而确立起来的,所以,加工的各环节都应抑制蛋白质变性。

(二)影响鱼糜耐冻性的主要因素

提高鱼糜耐冻性的重要因素包括:漂洗、糖类、蛋白质变性抑制剂以及盐类等。

1. 漂洗、脱水

(1)漂洗:将采下的碎鱼肉用 3 ~ 5 倍量的冷水反复数次浸渍、搅拌、静置、排水的操作。

(2)脱水:使漂洗后膨润的肉脱去多余的水分,提高肌动球蛋白的浓度,增加凝胶化。

(3)碱漂洗:pH 影响肌原纤维蛋白的稳定性,肌原纤维蛋白等电点在 5.2 ~ 5.5,偏酸,采用碱漂洗,可调整 pH 为中性,防止变性凝集。

(4)温和漂洗温度的影响:鱼栖息的水温越低,蛋白质越易受热变性,若加工过程中鱼肉温度达到 15℃以上,特别是 20℃以上时,肌动球蛋白的变性程度很大,减少量达 20% ~ 35% 。

(5)离子强度:易被蛋白质吸附的 Ca^{2+}、Mg^{2+}、Fe^{2+}、Zn^{2+} 等对鱼糜的凝胶化产生一定的影响,鱼肉中肌原纤维蛋白在离子强度为 0.1 ~ 0.2 时比较稳定,形成的制品弹性也较强。

2. 糖类的添加

糖类可以防止鱼肉蛋白质的冷冻变性。实验证明，冷冻鱼糜中加入糖类可以防止鱼肉蛋白质的冷冻变性，糖类对鱼肉蛋白质变性的防止效果与蛋白质的种类、含量无关，而取决于添加糖类的摩尔浓度。糖的添加量越高，防止蛋白质变性效果越好，而且，一般糖类化学结构中的－OH 基团数越多，对冷冻变性防止效果越好，对蛋白质热变性的防止效果越好，如山梨醇对肌肉蛋白质变性的防止效果比砂糖好。

3. 多聚磷酸盐的添加

常用的多聚磷酸盐食品添加剂为焦磷酸钠和三聚磷酸钠等量混合。多聚磷酸盐可使鱼肉 pH 值保持中性，还起到缓冲的效果。漂洗过程中部分无机盐离子被洗去，加速了肌原纤维蛋白的变性，而复合磷酸盐能显著提高其离子强度。

二、鱼糜及鱼糜制品主要加工工艺

（一）鳙鱼鱼糜的加工

将鳙鱼洗净，去骨、皮、鳞、内脏后，制成鱼糜，再加上低温保护剂和其他原料混合后，可制成多种鱼糜制品。鱼糜及其制品营养丰富，风味独特，食用方便，深受消费者欢迎，同时也是出口创汇的优质产品。

1. 原料及设备

原料：鲜活（个别为冰鲜）鳙鱼，个体大小在 1～2 千克。

设备及用具：刀、筐、砧板、案板、去鳞机、采肉机、过滤机、脱水机、斩拌机、电子秤、自动填充机、单冻机、金属检测机、冷库等。

2. 工艺流程

原料鱼→分级、挑选→三去、水洗→采肉→血水分离→连续漂洗→脱水→过滤→称量、加添加剂→斩拌计量、装袋→金属检测→急冻→冷藏。

3. 操作要点

（1）原料要求：一般用鲜活鳙鱼，由于鳙鱼生命力不太强，用冰鲜（急冻）的也可。将原料鱼分级、挑选，除去不符合鲜度要求的原料鱼。

（2）“三去”处理：去头、去内脏，用冷水漂洗，该过程室温应控制在 20℃以下；除鳞、水洗，将鱼胴体倒入去鳞机去鳞、水洗，要求水温控制在 10℃以下。

（3）采肉：用大型滚筒式采肉机采肉，并调节机械设备以保证采肉率。

（4）分离、漂洗：将血水分离后进入漂洗装置，用 10℃以下的冷水漂洗，除去水溶性蛋白质、血污、油脂及其他杂质，注意将 pH 控制在 6.8～7.2 范围，漂洗后，水与鱼肉的质量比例以3∶1或4∶1为宜。

(5)精制过滤:用过滤机去除鱼肉中的骨刺、筋皮、残余鳞片等杂质,得到的纯净鱼肉糜进入脱水机,经连续自动脱水后制成鱼糜。及时回收脱水过程中流失的鱼肉。

(6)添加物混合:在鱼糜中加入3%~5%蔗糖、0.2%~0.3%多聚磷酸盐和3%~5%山梨醇,在斩拌机内斩拌5~10分钟,该过程温度控制在10~15℃。

(7)装袋、计量:用自动填充机将鱼糜以每袋10千克的剂量装入塑料袋,盛于不锈钢盘,放入单冻机上急冻。

(8)急冻:将鱼糜整齐地摆放在单冻机上,-37℃急冻5~8小时。

(9)贮存:转入-18℃的冷库贮存、备用。

(二)茶叶鱼丸

1. 原料与设备

(1)原材料:白鲢、茶叶、淀粉磷酸酯、鸡蛋清、猪肥膘、胡椒、味精、盐、白酒、葱末、姜末、复合磷酸盐。

(2)加工设备:采肉机、精滤机、擂溃机、成丸机、加热锅、包装机、粉碎机。

2. 工艺流程

原料鱼→预处理→水洗→采肉→精滤→擂溃→水煮成型→冷却包装→冷藏

↑

绿茶→浸提→浓缩→茶汁

3. 操作要点

(1)浓茶汁的制备:将茶叶粉碎后用开水以1∶14的茶水比浸提12分钟,浸提3次。

(2)原料鱼的预处理:选择新鲜或刚死不久的鲢鱼、鳙鱼、草鱼等,对个体大小无太大要求。剖杀前要用清水洗净鱼体上附着的黏液及污物。采用"三去"法剖杀(去鳞、去头、去内脏)。剖杀时务必除尽鱼体腹腔内的黑膜,去内脏时注意不要弄破鱼胆,黑膜和胆汁的混入都会影响产品的色泽。

(3)洗涤:将鱼肉放入清水中漂洗,去除血污及杂质以保持白度。漂洗时间不能过长,否则影响产品质量。漂洗完毕将鱼体空干或用洁净纱布擦干,漂洗用水的温度为10℃,不宜过高。

(4)采肉:一般选用大型滚筒式采肉机。采肉时要注意调整滚筒和橡胶带之间的压力,使采肉过程顺利进行,同时避免一次投入鱼肉过多而导致过分挤压鱼肉。采肉次数最多2次,不能多次重复采肉。

(5)精滤:精滤是去除鱼肉中残存的小刺、鳞等杂质。精滤一般进行1次,精滤机网筛直径在1.88毫米左右。精滤过程中鱼肉相互摩擦而导致升温，升温的结果会使产品弹性下降，因此要加入适量碎冰使温度保持在10℃。没有精滤机可以用绞肉机代替，绞肉次数增加1次，但使用绞肉机效果不如精滤机。

(6)擂溃：擂溃是鱼丸生产过程中最重要的一道工序，其实质是对鱼肉的一种搅拌研磨作用。鱼肉经不断研磨形成糊状，其纤维组织完全遭到破坏，加入食盐后肌球蛋白溶出，糊状肉浆变得更粘，加热后即形成具有弹性的凝胶体，鱼丸的弹性由此而来。擂溃一般分为3步：空擂、盐擂、调味擂。

(7)空擂：将鱼肉放入擂溃机内擂溃5～10分钟，破坏鱼体组织。

(8)盐擂：空擂结束后加入食盐继续擂溃，盐擂时间为25～30分钟，盐擂是塑造产品弹性特征的重要步骤。鱼肉的温度对产品弹性的形成至关重要，温度过高影响产品弹性的形成，可以加入碎冰以降温。

(9)调味擂：盐擂结束后加入浓茶汁、白酒等配料继续擂溃10～15分钟。擂溃时间不能过长也不能过短，太短黏性不足，太长影响弹性。在添加配料时要注意小心加入淀粉，避免四处飞扬。

(10)水煮成形：要使鱼糜成型，可以用手捏制或用成型机制作。使用成型机时制作的鱼丸要在制出后直接下锅，锅中可以是热水也可以是热油。热水水温应控制在90℃左右，水煮时间为15分钟。

(11)冷却包装：入库冷藏将鱼丸捞起后置于冷水中，冷却至室温后再捞出、沥水，送包装车间称量包装。小包装鱼丸放入纸箱后置于－23℃速冻间快速冷冻，待鱼丸中心温度达到－15℃。

(12)贮存：转入－18℃的冷库贮存、备用。

(三)冷冻鲢鱼丸的加工技术

白鲢是淡水鱼中产量高、放养比例较大的养殖品种，除鲜销上市或速冻贮藏外，还可将白鲢加工成鱼糜制品。白鲢属少脂、白色肌肉鱼类，加工工艺中不必脱色，成本低。将白鲢鱼糜做成冷冻鱼丸上市，颇受消费者欢迎，并可取得较好的经济效益，其加工工艺如下。

1.工艺流程

原料选择→预处理→剖片、冲洗→采肉、精滤→擂溃→成型、水煮→冷却、装袋(称量)→速冻、冷藏。

2.操作要点

(1)原料选择：选用活鱼或刚死不久、鲜度良好的鲢鱼做原料。

(2)预处理：冲洗鱼体，洗去鱼体表面的泥沙、血迹和在捕获、运输过程中沾染的污物，然后进行“三去”剖杀(去鳞、去头、去内脏)，注意不要破胆。

(3)剖片、冲洗:鱼胴体采用“二剖法”一分为二,带脊骨,立即洗净鱼片的血污,除尽黑色腹膜以免影响鱼肉的质量和鱼丸的洁白色。洗涤用水的温度应控制在10℃以下,温度较高时须加入碎冰,以降低水温。

(4)采肉、精滤:将洗好的鱼片送入采肉机中进行采肉,使肉与皮、骨刺分离,一般只能采1~2次,不能重复多次采肉,将采下的肉放入精滤机中进行精滤。

(5)擂溃:将精滤后的鱼肉放入擂溃机中研磨成鱼糜。分3个阶段进行擂溃,第二、三阶段分别放入盐及其他调味料同擂,全过程40~50分钟。控制原料的干湿度,加入一定量的水分,加入一些碎冰使温度保持在10℃以下。

(6)成型、水煮:将擂溃好的调味鱼糜经鱼丸成型机直接落入加热锅(或用盛有清水的盆接后倒入加热锅)中,加热锅内的水必须煮开,当生料倒入后水温为95℃左右。当鱼蛋白凝固后鱼丸即浮起,迅速用漏勺捞起,以免成品老化影响口感。

(7)冷却、装袋:将捞起的鱼丸放入冷却水中冷却,然后沥干。当鱼丸的温度冷却至室温时即可送到包装间包装,按生产规格称量。称好后装入塑料袋并立即封口,放入纸箱内。纸箱不要封口、打包,而是直接送入速冻间冻结。

(8)速冻、冷藏:将装有袋装鱼丸的纸箱放置在-23℃以下的速冻间内快速冻结,待鱼丸中心温度达到-15℃以下时即可出库。然后将包装纸箱封口、打包,转入-18℃以下的低温冷藏间贮存,以待销售出库。

(四)鲢鱼香肠的加工

以鲢鱼鱼糜作为主要原料可加工成模拟蟹腿肉、模拟虾肉、鱼肉香肠、鱼丸等各种鱼糜制品。鲢鱼香肠的加工工艺如下:

1. 原料及设备

(1)原辅料:冷冻鲢鱼鱼糜、五花猪肉、食用淀粉、猪大肠、调味料、葱、姜、亚硝酸盐(用量要低于国家规定的最大用量0.003%)等。

(2)设备及用具:刀、筐、砧板、案板、斩拌机、电子秤、真空滚揉机、香肠灌装机、熏蒸炉等。

2. 工艺流程

原、辅料的前处理→按配方称重→斩拌→加葱、姜并搅拌→挑出葱、姜→滚揉→灌装→熏蒸→冷却→包装、入库。

3. 操作要点

(1)原、辅料前处理:将猪肉洗净、切割成小块;挑选符合质量要求的鲢鱼鱼糜备用;将葱择好、洗净、切成长段;姜去外皮并洗净,切成较薄的大片;猪大肠泡入洁净的饮用水中待作肠衣用。

(2)称量:将各种原、辅料按配方称量好。

(3)斩拌:将除葱、姜、猪大肠以外的原辅料倒入斩拌机,斩拌(时间控制好)。

(4)葱、姜调味:加入葱段、姜片,人工搅拌后拣出葱段、姜片。

(5)滚揉:将原辅料倒入真空滚揉机滚揉。

(6)灌装:将滚揉好的原、辅料倒在灌装机容器中,将猪大肠套在灌装杆上,一头打结。用膝碰开关控制好灌装进度,香肠每段打结的长度应均匀、美观。肠衣上再用牙签扎洞,排出空气。

(7)熏蒸:在熏蒸炉中熏蒸,110℃,40 分钟。

(8)冷却:熏蒸结束关闭电源,适当冷却后,自熏蒸炉中推出不锈钢烤架,在洁净环境中进一步冷却。

(9)包装、入库:对香肠进行感官鉴定和理化抽检,包装后及时入库保存。

(五)鱼糕的加工

鱼糕品种较多,是品质上乘的传统性的鱼糜制品。鱼糕的品种可以按制作时所用配料、成型方式、加热方式乃至产地等加以区分,如单色年糕、双色年糕、三色年糕;方块形、叶片形鱼糕;板蒸、焙烤以及油炸鱼糕;小田原、大阪、新鸿鱼糕(蒲)等,花色品种繁多,且各具特色。

1. 参考配方

(1)鱼肉 50 千克、精盐 1.5 千克、味精 0.5 千克、砂糖 1.5 千克、淀粉 7.5 千克、黄酒 1.5 千克、姜汁 1.4 千克,蛋清、清水适量。

(2)冷冻鱼糜 50 千克、精盐 2.4 千克、味精 1 千克、砂糖 0.75 千克、马铃薯淀粉 2.5 千克、黄酒 1.0 千克、蛋清 1.5 千克,姜汁、清水适量。

(3)鱼肉 50 千克、精盐 2.4 千克、味精 1 千克、砂糖 1.5 ~3 千克、淀粉 8 ~15 千克、小麦粉 10 ~30 千克、植物蛋白 1 ~3 千克、品质改良剂 1 ~2 千克、保存剂 0.5 千克,黄酒、清水适量(油炸鱼糕)。

2. 工艺流程

原料选择→前处理→擂溃→调配→成型→内包装→加热→冷却→外包装→冷藏。

3. 操作要点

(1)原料选择:鱼糕属于较高级的鱼糜制品,对弹性、色泽的要求较高,因此作为鱼糕生产用的原料应新鲜、脂肪含量少、肉质鲜美,其中大宗淡水鱼类是生产鱼糕的适宜原料。

(2)前处理:鱼糕的预处理方法与鱼糜制品的工艺基本相同,只是漂洗的工艺更为重要,不可忽视(对于弹性强、色泽白、口味好的鱼种也可不漂洗)。

(3)擂溃:擂溃对确保鱼糕良好弹性尤为重要。分别进行空擂、盐擂、拌擂三阶段进行擂溃处理，并根据配方添加其他辅料（具体时间要根据擂溃机的性能和每次鱼肉投料量等条件而摸索确定）。

（4）调配：在擂溃完成后，对于双色鱼糕、三色鱼糕还需将鱼糜着色调配。如制三色鱼糕，需先将原先配料分成3份，其中一份加鸡蛋清（6%）、红米粉（2.2%）、胡椒粉（0.75%，可适量），制成红色并具有辣味的鱼肉糜；另一份加鸡蛋黄（8%）制成黄色鱼肉糜；第三份为本色（白色）鱼肉糜，然后将上述配制成有红、黄、白3种不同颜色的鱼肉糜分别置于三色成型机的三个料斗中（其中本色鱼糜放入大斗），供铺板成型用。此外，利用鲜鱼制造烤鱼糕时，为确保其优良弹性及口味，基本上不加淀粉。

（5）铺板成型：小规模生产时，鱼糕的成型往往将调配好的鱼糜用刀具手工成型，需要相当熟练的技术。现在逐渐采用机械化成型，如日本的K3B三色付板成型机，每小时可铺300～900块，其原理是由送肉螺旋装置及成型模把调配好的鱼糜按鱼糕形状挤出，连续铺在松木板上（呈半圆柱形），再等距切断而成。

（6）内包装：烤鱼糕在成型时常以专用OPP（聚丙烯）进行初次包装，可有效地防止二次污染，阻止霉变发生，并使鱼糕加热后成为真空状态，以延长保存期。此外，为了防止内部变质可适当添加山梨酸。

（7）加热：鱼糕加热方式有蒸煮、焙烤、油炸3种，以蒸煮加热最为普遍。事实上即便焙烤、油炸一般也先进行蒸煮操作。日本目前已采用连续式蒸煮器，实现机械化蒸煮。一般蒸煮加热温度在95～100℃，中心温度达75℃以上。加热时间视制品大小而定，大型者为80～90分钟，小型者为20～30分钟。焙烤是将鱼糕（表面涂上葡萄糖以利焙烤呈色）放在传送带上，以20～30秒的时间通过隧道式红外线焙烤机，使表面着色并涂油上光，然后再烘烤熟制。此外，日本传统的烘烤鱼糕是先经火烤后再蒸煮，而烤鱼糕（串烤鱼糕）则仅经烘烤而成。我国生产的鱼糕大部分是蒸煮法制成。

（8）冷却：蒸煮完后的鱼糕应立即放在冷水（10～15℃）中迅速冷却，目的是使鱼糕吸收加热时失去的水分，在无内包装时还可防止因表面蒸汽逸散而发生皱皮和褐变等，由此可弥补因水分蒸发所减少的重量，并使鱼糕表面柔软有光滑感。经过冷却后，鱼糕中心的温度仍然较高，通常还要放在凉架上自然冷却或用冷风冷却。若生产罐藏鱼糕，则还需要将冷却后的鱼糕经切条（规格为15～18厘米长，2～3厘米厚），每支玻璃瓶装7～8条，并加汤汁，然后真空封罐，高温杀菌（预热20分钟，杀菌60分钟，冷却20分钟，杀菌温度118℃），冷却而成。

（9）外包装：完全放冷的鱼糕需作外包装，尤其是未经内包装的鱼糕制品。在外包装前应用紫外线杀菌灯进行鱼糕表面的杀菌，再用自动包装机包装后即为成品。

(10)冷藏:包装好的鱼糕装入木箱,放入冷库(0~5℃)中贮藏待运。一般制好的鱼糕在常温下(15~20℃)可放3~5天,在冷库中可放20~30天。国内还很少采用鱼糕包装机,因而大都是生产后及时销售,有时加工后用油纸或塑料包装袋简单包装后放冷库中暂存,以待装运后销售,至于罐藏鱼糕则不必使用冷藏条件。

(六)银杏草鱼丸的加工

银杏(即白果)营养丰富,含大量的淀粉、蛋白质、脂肪,还含有多种微量元素、维生素和氨基酸等有效成分。银杏在治疗高血压、心血管疾病等方面功效显著。银杏草鱼丸是美味的保健食品。

1. 原料及设备

原料:草鱼、银杏、鸡蛋、淀粉、白糖、猪肥肉、盐、料酒、味精、葱、姜。

设备:工作台、采肉机、精滤机、擂溃机、成丸机、夹层锅、封口机、台秤。

2. 银杏草鱼丸的配方

草鱼糜100千克、水40千克、淀粉15千克、蛋清15千克、猪肥肉10千克、盐3千克、白糖2千克、料酒2千克、葱姜汁2千克、味精0.7千克、银杏5千克。

3. 工艺流程

(1)草鱼冲洗→开腹→胴体洗净→剖成大片→去黑膜血污→沥水采肉→过滤→脱水→精滤→鱼糜。

(2)银杏草鱼丸制作(鱼糜+配料)擂溃→静置30分钟→成形→蒸煮→冷却→称重、装袋→封口→装盘→速冻→装箱→冷藏。

4. 操作要点

(1)开腹:去鳞、去头、去内脏。

(2)漂洗:漂洗时应控制水温在10℃以下,搅拌5~10分钟,静置沉淀后,倒出表面油脂、血污。

(3)擂溃:擂溃是决定加工产品质量优劣的关键步骤,必须严格按工序操作:空擂10分钟,盐擂10~15分钟,调料擂溃15~20分钟,全过程一般以40分钟为宜。

(4)静置:静置30分钟,是为了提高凝胶强度再行成型,以利于提高产品质量。

(5)蒸煮:先将夹层锅内的水煮沸,再将成形鱼丸放入,水温控制在90~95℃,保温4分钟左右,待鱼丸上浮呈淡黄色即可。

(6)装袋:装袋时应当采用特制料斗放入袋中,以免污染封口处。封口时应先将袋内空气排出。封口后将袋摊平入库速冻,速冻必须在-25℃以下冻结,然后将速冻的产品进行装箱冷藏。

(七)鱼肉茶肠的加工

目前我国鲢鱼、鳙鱼等低值鱼占淡水鱼总产量的60%以上,将这些低值鱼类加工成食用方便的鱼肉香肠会提高经济效益。茶叶具有兴奋解倦、益思少睡、消食祛痰、解毒止渴等功效。茶叶中的保健功效成分主要是茶多酚及茶多糖等。茶多酚是从茶叶中直接提取的一类天然多羟基酚类化合物的混合物,是一种极为有效的自由基清除剂,具有预防心血管疾病、降低血糖和血脂等多种生理功能。若将茶叶浸提后以茶汁的形式加入到鱼肉肠中,既可以保留茶叶的功能成分,同时也改善了香肠的营养结构,符合传统肉制品向营养保健品转轨的趋势,还能开拓低档茶叶的消费新途径,提高低值淡水鱼的经济价值。

1. 原料

(1)主料:鳙鱼,对原料鱼的个体大小无太大要求,要求个体均匀一致,不要太小。

(2)辅料:猪瘦肉、猪肥膘、绿茶、肠衣、精盐、马铃薯淀粉、味精、黄酒、白糖、三聚磷酸钠、维生素 C 等。

(3)加工设备:采肉机、精滤机、擂溃机、灌肠机、绞肉机、粉碎机。

2. 工艺流程

茶叶→烘干→粉碎→浸提→茶汁

↓

原料鱼→预处理→采肉→精滤→擂溃→灌肠→加热→冷却→成品

↑

猪肉→处理→漂洗→搅拌

3. 操作要点

(1)预处理:原料鱼的预处理同加工鱼糜制品一样,进行“三去”剖杀,除尽黑膜,清洗干净。预处理时要注意用水温度不要高于 10℃。

(2)采肉和精滤:将鱼体放入采肉机中采肉,使鱼肉和鱼骨分离。采肉次数最多 2 次,不能重复采肉。精滤次数一般为 1 次。采肉和精滤过程要适当加入碎冰以防止鱼肉升温,以免影响产品质量。

(3)猪肉的处理:猪瘦肉选用猪后臀精肉,无筋腱及其他结缔组织;猪肥膘选用洁白猪背膘。清水漂洗干净后用绞肉机分别绞成肉饼。

(4)茶汁的制备:将绿茶在 105℃条件下烘焙 1 小时后置于粉碎机中粉碎成绿茶粉末,沸水浸提茶汁。

(5)擂溃:擂溃过程同鱼糜一样,分为空擂、盐擂、调味擂。鱼肉经擂溃变成鱼糜后再加入茶汁、猪瘦肉、猪肥肠、淀粉、三聚磷酸钠等辅料,进行第二次调味擂,擂溃时间 15 分钟。在整个擂溃过程中要加入碎冰以防止温度的升高。

(6)灌肠:猪肠衣在使用前须用 40℃温水浸泡 2 ~ 3 小时,然后灌肠。在灌装时注意不要装得太满以免加热时发生破肠现象，必要时可用针在肠衣上扎孔保证肠内气体的顺利排出，灌装至九成满即可。

（7）加热：115℃下保温15分钟杀菌，反压冷却至室温。

（8）包装、入库：对香肠进行感官鉴定和理化抽检，包装后及时入库保存。

综上所述，鱼糜及鱼糜制品花样繁多、各具一格、细嫩味美，既可加工成高、中、低档的不同产品满足大众需求，又非常适合幼儿及牙齿脱落的老人食用，既能使他们享受美味，又可避免鱼刺卡喉。此类产品加工既要保障安全、卫生，还要不断改善产品质构，使消费者不断提高认同并不断提高需求量。

第四节　鱼糜加工主要设备及参数

生产鱼糜的基本工序包括清洗、宰杀、去鳞、采肉、漂洗、脱水、精滤、擂溃、成型、冷冻、熟化和包装，鱼体清洗、宰杀和去鳞装置在第二章第三节和第七章第四节中已有介绍，本节将对采肉、鱼肉漂洗、脱水、精滤等设备进行一些介绍。

一、滚筒式采肉机

滚筒式采肉机，别名又叫鱼肉分离机，适用于海鱼、淡水鱼各种鱼类。滚筒式采肉机采肉时鱼肉穿过采肉机滚筒的网孔眼进入滚筒内部，骨刺和鱼皮在滚筒表面，从而使鱼肉与骨刺和鱼皮分离。经原料处理后的带皮鱼肉需用采肉机使皮、肉分离，去主要鱼刺。滚筒式采肉机结构精密、高效实用、操作方便、经久耐用。

滚筒式采肉机装置其工作原理是装有采肉桶和压榨肉用的橡胶带，利用滚动的采肉桶和传动的橡胶带的相互压榨运动将鱼肉挤入采肉桶内，而把鱼皮、鱼骨留在采肉桶外，由刮刀把它送出机外。采肉机实图详见图8－1。

图8－1　YRV－180采肉机

二、鱼肉漂洗装置

漂洗是鱼糜生产的重要工艺技术，对提高鱼糜制品质量及保藏性能起到很大作用。漂洗的主要目的是使用清水或稀盐碱水漂洗鱼肉，除去鱼肉中水溶性蛋白质、色素、气味和脂肪，提高鱼肉的弹性和白度。

鱼肉漂洗装置见图 8－2，该设备特点：

(1)设备带有循环水泵和过滤水箱，实现清洗用水循环使用，节约用水，根据实际生产情况补充更换新水。

(2)设备输送带电机可实现调节变速功能，被清洗的鱼肉经过网链输送，自动送料，自动出料，根据生产需要调节输送带输送速度。

(3)设备带有喷淋装置，在清洗结束后输送至下道工序过程中，对产品进行喷淋，减少二次污染。

图 8－2　FX－800 型漂洗设备

三、螺旋压榨脱水机

鱼肉经漂洗后采用螺旋压榨机或离心机进行脱水，少量鱼肉可放在布袋里绞干脱水，工业化生产采用螺旋压榨脱水机处理。脱水工序一般是将经水漂洗过的鱼肉输入到密网状圆筒中，利用不锈钢螺旋压榨机进行压榨。螺旋压榨脱水机见图 8－3，其工作原理是上排的带网眼圆筒作脱水之用，中段是螺旋压榨机，下部则是排液槽。脱水鱼肉由正视图左方的出口排出。排出部装有楔子状圆锥体，此锥体可前后移动，是一种调整出口部间隙的构造。脱水时应注意温度控制在 10℃左右较理想(温度高，容易脱水，但容易致蛋白质变性)，根据经验，白色肉鱼类在 pH6.9～7.3、多脂红色肉鱼类在 pH6.7 脱水效果较好。

图 8－3　螺旋压榨脱水机

四、斩拌机

图 8－4　斩拌机实物图

斩拌机见图 8－4，该设备是鱼糜及其制品生产工艺中的关键设备，鱼肉经斩拌机擂溃，在搅拌和研磨过程中鱼肉肌纤维组织进一步被破坏，盐溶性蛋白的充分溶出创造良好的条件。斩拌机是鱼糜加工中不可缺少的肉类加工机械。

五、鱼肉精滤机

鱼肉精滤机主要用于配套鱼肉采取机、鱼肉过滤除杂质，主要将鱼浆中的鱼细骨、鱼鳞、鱼筋、鱼皮等杂物剔除出来，使鱼浆的白度纯、杂质含量少，鱼浆更细腻。目前市场上销售的精滤机示意图如图 8－5。

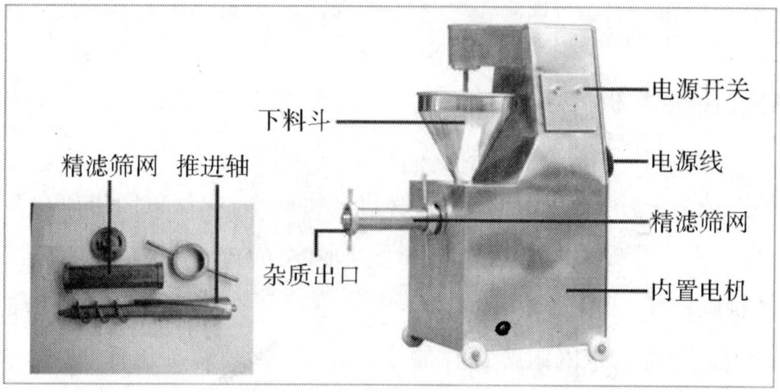

图 8－5　鱼肉精滤机

六、鱼糜成型机

将斩拌和擂溃后的鱼糜加入鱼糜成型机，根据鱼糜成型机的变换成型口的大小及厚度,可制作出各种形状的产品来。鱼糜成型机采用送料桨叶和成型滚筒同步运转的结构设计,确保能有最多的料送入和始终一致的成型压力,为使成型厚度的调节方便和准确,模芯部分一般设计为整体可拆卸。设备工作完毕后,一定要线切断电源,才能对机器进行拆洗。

七、自动蒸煮机

煮制是肉类产品最为常用的熟化加工方式,根据各种加工产品和加工工艺的要求,煮制液或卤液有着各种配制方法,煮制时间根据不同加工要求作相应的设定。煮制有预煮和卤煮之分,预煮为产品前处理加工的一部分,预煮时间为 1 ~ 15 分钟,卤煮时间为 30 ~ 60 分钟。煮制设备设有智能温控和时间控制装置,循环系统可使产品在加工过程中起到受热均匀的作用。

八、平板冷冻机

冷冻鱼糜应尽可能在最短时间内送去冻结。通常使用平板冷冻机,冻结温度为 －35℃,时间 3 ~ 4 小时,使鱼糜的中心温度达到 －20℃。应让鱼糜制品迅速通过 －1 ~ －5℃的最大冰晶生成区,保证冷冻鱼糜的冻结质量,贮藏温度应保持在 －20℃以下,并要求冷库温度稳定、少波动。平板冷冻机见图 8 －6,其主要使用条件:

图 8 －6　冷冻机

(1)冻鱼为 4.5 小时/次。

(2)冻结块平均终温 －18℃。

(3)冷凝温度 －35℃,蒸发温度 33℃,环境温度 50℃以下。

(4)制冷剂可为 R22、R502、R717 或其他载冷剂。

(5)鱼盘尺寸为 600 ×400 ×80 毫米,每盘鱼重为 15 千克。

九、包装机

真空包装也称减压包装，是将包装容器内的空气全部抽出密封，维持袋内处于高度减压状态，空气稀少相当于低氧效果，使微生物没有生存条件，以达到水产品新鲜、无病腐发生的目的。目前应用的包装方式有塑料袋内真空包装、铝箔包装、玻璃器皿、塑料及其复合材料包装等。实际生产中可根据产品种类选择合适的包装材料，包装机见图 8－7。

图 8－7　包装机

第九章 大宗淡水鱼休闲制品的工业化加工技术

第一节 原料要求

七种大宗淡水鱼均可作为休闲制品的原料鱼,原料鱼以刚捕获的新鲜鱼或冰鲜鱼为好,选用新鲜度良好的大宗淡水鱼类,即鱼体处于僵硬阶段的鱼类。原料的新鲜度是非常重要的,鲜度不好将严重影响休闲鱼制品的口感、质构和成型。因此,原料要求新鲜无病害、无腐败,决不能用变质鱼生产休闲制品。同时,由于捕捞到的原料鱼有时是单一品种,有时是几个品种混在一起的,对休闲食品加工的工艺条件和成品质量、产量的影响较大。因此,原料鱼要尽可能选用同一批、同一品种的新鲜淡水鱼。

第二节 休闲制品的加工工艺

随着现代社会人们生活节奏的加快,饮食时间逐渐缩短,营养丰富的各种休闲食品愈来愈受到消费者的青睐,其中鱼制品尤其受广大消费者喜爱。目前市场上销售的主要休闲鱼制品包括:豆豉鱼类罐头、休闲鱼片、鱼肉松、鱼浆制品、五香烤鱼、多味鱼肉脯、鱼粒休闲食品等。这些休闲鱼制品的主要加工工艺如下:

一、鱼罐头

(一)香酥鲫鱼罐头

鲫鱼在我国江、河、湖泊、池塘和水库常年可捕。鲫鱼不仅是重要的食用鱼类之一,而且食疗价值也很高。以鲫鱼为主要原料生产的香酥鲫鱼罐头,具有香酥、味美、营养丰富等特点,颇受消费者欢迎。

1. 工艺流程

原料解冻→处理→盐渍→油炸→调味→装罐→密封→杀菌冷却→入库。

2. 制作要点

(1)原料解冻:用自然解冻或用自来水淋水解冻,解冻时应设专人负责,并经常翻动,使其解冻均匀。解冻原料应分批投入,并放在有一定铺垫物的台案上,解冻后及时剔除腐败变质鲫鱼。

(2)处理:用“三去”剖杀法除去鱼鳞、鱼头和鱼内脏,清洗干净。

(3)盐渍:将处理后的鲫鱼用清水冲洗干净,然后放入4%的盐水中盐渍20分钟。鲫鱼与盐水比例为1:2(克/毫升),捞出用清水冲洗一遍,沥干水分,每盐渍一锅要及时补充盐含量。

(4)油炸:油炸温度170~180℃,油炸时间为3~6分钟。鲫鱼经油炸后鱼体应坚挺,不得有焦煳现象,油炸脱水率在40%~47%之间。每次投料不宜过多,应为油量的10%左右为宜。投料初期不可搅动,以防鱼肉破碎。要及时清除鱼肉碎屑和油渣,视情况添加或更换新油。

(5)调味:油炸后的鱼在70~80℃的调味汤汁中约浸1分钟,取出后沥汁。

调味液配方:白砂糖12千克、黄酒5千克、精盐1千克、桂皮0.5千克、八角茴香0.3千克、生姜1千克、月桂叶0.1千克、花椒0.2千克、味精0.2千克、干辣椒0.05千克、陈皮0.1千克、水100千克。方法:将桂皮、八角茴香、生姜、月桂叶、花椒、干辣椒、陈皮等用纱布袋装好扎紧口加水煮沸1小时以上,然后加入其他配料煮沸,最后加入黄酒、味精过滤备用,调至总量100千克。

(6)装罐:鱼肉100~400克装罐,装罐时应排列整齐,搭配均匀,并保持鱼体完整。

(7)密封:抽气密封真空度控制在0.035~0.4兆帕。封口后应逐罐检查,剔除不良罐。应经常检查罐体结构,要求卷边良好,“三率”(紧密度、接缝盖钩完整率、连接率)达到标准要求,罐盖打字按规定执行。

(8)杀菌冷却:应采用加压水杀菌,罐头在杀菌锅内的摆放高度应在溢水管口15厘米以下,用铁笔子将罐头压住,不得漂浮水面。升温时应排净顶部空气,从升温至恒温逐渐加压至0.1~0.11兆帕,不得过高,以防瘪罐。降温时不可进水太快或加压时间太长,防止后期瘪罐,冷却至38℃左右为宜。

(9)保温入库:杀菌完毕要及时擦罐,以防锈罐。擦净罐外水分、油污等其他污物。按生产日期、班次分别保温,保温温度为37±2℃,时间为7昼夜,检查无胖听、黑变等现象,即可包装打检入库。

(二)淡水鱼糕罐头

淡水鱼糕罐头以低值淡水鱼如鲢、鳙鱼等为原料,并参照第八章鱼糕配方和工艺,科学配制而成。加工后的产品口感细腻、富有弹性、外形美观、切面洁白、营养丰富、食用方便。

1.工艺流程

鱼糕→切条→装罐→封口→杀菌→检查→保温→卫检→包装→成品。

2.工艺操作要点

(1)鱼糕切条:制备厚2厘米的鱼糕,蒸熟,取出冷却,切成长15~18厘米,宽2~3厘米的条状。

(2)装罐封口:每玻璃瓶装7~8条,并加热水,留有一定顶隙,趁热封罐,抽真空度至0.047~0.053兆帕,检查无漏封、断封,即可装罐杀菌。

(3)保温入库:杀菌后将罐头擦干,放入保温库37℃保温7天,经检查无胖听等现象即可装箱打检入库。

工艺说明和注意事项:鱼糕罐头杀菌过程中的升、降温时间不宜过长,否则易引起鱼糕表皮成膜硬化。

(三)鱼圆罐头

鱼圆(或称鱼丸)以味鲜、质嫩、色白、弹性好、入口即化而深受人们的喜爱。制作的鱼圆罐头可解决人们常年吃鱼圆难的问题,具有广泛的社会和经济效益,常以新鲜低值淡水鱼,如鲢鱼、鳙鱼等为原料。

1.工艺流程

鱼糜→擂溃→成形→成熟→罐装、封口→杀菌→保温→打检→成品出厂。

2.操作过程和工艺要点

(1)配料:基本配方是:鱼糜100千克、淀粉20~30千克、料酒3千克、食盐3~5千克、味精0.5~1千克、白糖0.5~1.5千克、水分60~70千克、葱汁、姜汁适量。

(2)擂溃(打浆):擂溃时先用60% ~70%的清水(含碎冰一半)将鱼肉划散,搅成糊状。加入全部食盐,擂成浆状,但不适过细,否则制品的弹性会有所减退。若采用的是冻鱼肉或是要制成冷冻销售的食品,可加入0.1% ~0.3%三聚磷酸钠或适当的大豆分离蛋白,以增强鱼肉的持水性。最后边擂溃边加入剩余水分以及其他全部配料,一起擂溃成黏稠的泥浆状即可,一般约需20分钟,速度不宜过快和过慢,以免擂溃过度或不充分。擂溃工序应尽量采用双锅擂溃机型,上锅盛装鱼肉进行擂溃,下锅装冰水,用以缓解因擂溃摩擦而造成的升温,避免鱼肉擂溃变性,如无擂溃机,亦可用打浆机或斩拌机替代,擂溃时应使配料的温度控制在15℃以下。

(3)成型:擂溃后利用浆料的黏着性和可塑性,采用鱼圆成型机或手工制成鱼圆形状,大小均匀一致。浆料应及时成型,否则容易转变为凝胶,使成型困难。

(4)成熟:必须在5~10分钟内使鱼丸的中心温度加热至75℃左右,保持一段时间。注意:如缓慢加热升温,则容易凝结成豆腐状制品;如过热,鱼圆易出现表皮硬化现象。另外,也可采用分段加热法,先加热到40℃,保持1小时,再升温到75℃成熟,这样,制品的弹性比较好,但生产难度增加了。鱼圆成熟后,捞出放入清水中静漂备用。

(5)罐装、封口:用干净的灭菌沥干瓶,每瓶放入鱼丸32粒,同时加入清水(热)或4%盐水(热),送入蒸煮排气箱排气5分钟,留有顶隙,趁热封罐。如系软包装,可干装,抽真空封口。

(6)杀菌:罐装封口后迅速送入杀菌锅灭菌,方式为预热15分钟,杀菌60分钟,冷却20分钟,杀菌温度118℃(反压水冷却),降温时间不宜过长,否则鱼圆表皮易硬结、变黄。

(7)保温入库:鱼圆罐头冷却后入保温库37℃保温5~7天,检查无胖听、黑变等现象,即可包装打检入库。

(四)油炸鱼圆罐头

1. 工艺流程

油炸鱼圆→蒸气加热→装罐→加汤→封口→杀菌→冷却→入库。

2. 制作要点

(1)蒸汽加热:将油炸鱼圆装盘后盖上纱布放进杀菌釜用蒸气在常压下加热10分钟,使鱼圆表面得到初步杀菌,并能提高鱼圆装罐初温,有利于罐内形成真空环境。若新鲜鱼圆刚炸好就生产罐头,则不必再重新加热。

(2)装罐:将加热的鱼圆立即装入瓶内,每瓶装入量为240~260克,然后加满汤汁(玻璃瓶及瓶盖均需预消毒、清洗、沥水)。

(3)汤汁配制:

① 香料水配制:桂皮500克、陈皮500克、八角500克、丁香100克、月桂叶100克、生姜100克、水125千克(鲜姜先切碎与香料用纱布包扎好,加入125千克水煮沸2小时以上,过滤备用)。

② 汤汁配制:香料水40千克、精盐1.5千克、白砂糖12.5千克、黄酒5千克、酱油2.5千克、味精100克。先将香料水、精盐、白糖、酱油入锅加热溶解煮开,过滤后再加入黄酒、味精搅拌均匀,溶解备用。

(4)密封:用真空封瓶机封口,封口后经检验人员严格检查封口质量,剔除不合格品。

(5)杀菌、保温、打检、包装、入库。

二、鱼浆制品

过去作为饲用鱼粉的低值水产品,现已大量开发精制成食用鲜鱼浆,然后再用鱼浆生产出风味独特的鱼丸、鱼卷、鱼饼、鱼糕、鱼点心等各式各样的水产方便食品。既增加了营养价值又提高了低值水产品的综合利用率,有效地增加了水产品的附加值。

(一)鱼肉香肠

1. 制作工艺

以新鲜鲢鱼为主要原料,采肉后用清水漂洗,经脱水、精滤再按一定的比例混合各种鱼肉,接着控制在10℃以下斩拌,同时按比例添加各种辅料及姜、蒜、复合香辛料,大约斩拌30分钟,灌肠后在常温下(20℃左右)凝胶3小时左右,接着在95~100℃蒸煮30分钟,冷却后在-35℃下速冻1小时,然后包装放入-18℃冷库贮藏,其产品色白、凝胶强度可达510克。

2. 辅料参考配方

瘦猪肉15千克、猪肥膘5千克、玉米淀粉5千克、食盐4千克、白砂糖1千克、冰水20千克、姜汁0.2千克、胡萝卜12千克、海带10千克、黄豆25千克、菠菜汁6升。

(二)鱼丸

1. 制作工艺

(鱼糜+配料)→擂溃→静置0.5小时→成型→蒸煮→冷却→称重装袋→封口→装盘→速冻→装箱→冷藏。

2. 罗非鱼鱼丸的配方

草鱼糜100千克、水40千克、淀粉15千克、蛋清15千克、猪肥肉10千克、盐3

千克，白糖 2 千克，料酒 2 千克、葱姜汁 2 千克、味精 0.7 千克。在配方中加入魔芋精粉与卡拉胶粉按 1∶1 混合，用量为 1.2%，成型温度 43℃，得到的罗非鱼鱼丸弹性、口感、组织结构最好。

三、其他休闲食品

（一）五香烤鱼

五香烤鱼是以鱼块为原料，经调味、烘干后的熟食品，其味道鲜美，营养丰富。通过加工可使低值大宗淡水鱼便于贮运，增值数倍，是一种很有发展前途的鱼类熟食品。

1. 工艺流程

原材料→盐渍→蒸煮→干燥→调味→烘烤→包装→成品

2. 工艺要求

（1）原料处理：原料鱼可采用冰鲜或冷冻的鱼货，也可用盐渍包藏的咸卤鱼。冰冻鱼须先用清洁流水（水温不超过 20℃）漂洗，原料鱼除鳞、除头、剖腹除内脏后用水洗净，这些工序应流水作业，以免积压而影响质量。

（2）盐渍：一般采用温度为 10 ~ 15℃，4% 的盐水将原料鱼盐渍 30 ~ 60 分钟，或者干腌法盐渍 20 ~ 30 分钟。

（3）蒸煮干燥：经盐渍的鱼块清洗，沥干水后装在蒸煮烘架上，先用直接蒸汽蒸熟，而后在 70 ~ 80℃ 的烘房内干燥至六七成熟，全过程约 7 ~ 8 小时。

（4）调味：取干燥的鱼块放在预先配制好的调味液中浸泡 30 分钟，鱼块应全部浸没，并随时搅动。调味液配方有五香、辣味等，可按各地口味选定.

五香配方：八角洗净敲碎，加水 12 千克，熬煮至 6 千克（约需 1 ~ 1.5 小时），然后在滤液中加白糖 2.5 千克、酱油 3 千克、精盐 1.5 千克一起煮沸，再加入黄酒 1.5 千克。过滤后的滤液，再加入少许香辛料，可用作第二次调料使用。

（5）烘烤：将浸渍过调味液的鱼块（或鱼条）沥干后平摊在铁丝横架上，第二次进入烘房中烘烤 4 小时左右，待九成干后既为成品。

（6）包装：成品自烘房中取出冷却至室温，即可包装贮运。包装的方法：用聚乙烯薄膜袋定量（50 克、100 克、250 克）包装，用电热严密封口，装箱成件，置于阴凉干燥处保藏。

（二）多味鱼肉脯

用鱼肉加工成多味鱼肉脯，营养丰富，产品易销，同时原料广泛，是鱼类深加工增值的好方法。

1. 工艺流程

选鱼→剖杀→剖片→清洗→漂洗→擂溃→摊片→烘片→油炸→浸汁→沥干→烘制→成品。

2. 工艺要求

(1)选鱼:选较大、膘肥的新鲜鱼,将其洗净。冰冻鱼在室温下用流水解冻、洗净。

(2)"三去"剖杀:采用"三去"剖杀技术进行去鳞、去头、去内脏,清洗干净。

(3)剖片:用刀沿脊椎骨向鱼尾剖下一片完整的鱼肉,用同样的方法得到另一片鱼肉。

(4)脱腥:将鱼肉放入浓度为6%食盐溶液中浸泡30分钟,鱼肉和盐水之比为1:2,浸泡过程中翻动2~3次。浸泡结束后用流水漂洗2~3分钟。

(5)漂洗:将脱腥后的鱼肉泡在5倍的清水中,慢慢搅动8~10分钟后静置10分钟,倒去漂洗液,再按以上方法重复操作3次。最后一次漂洗用0.15%食盐水溶液,漂洗后沥干水分。

(6)擂溃:分为空擂、盐擂和调味擂三个阶段。空擂是将鱼肉放入绞肉机内粗搅一次成糜,时间为5分钟。鱼糜应粗细适中,随后盐擂,将3%食盐溶于水,加入鱼糜中,搅拌研磨10分钟,使鱼肉变成黏性很强的溶胶。最后是调味擂溃,先将0.2%味精、3%白糖、0.2%五香粉、0.3%姜粉、适当焦磷酸钠(按照国家标准,以鱼肉重量计)溶于水,倒入鱼糜中,匀速搅拌3分钟,然后将4%淀粉溶于水,加入鱼糜再搅拌3分钟。

(7)烘片:将处理好的鱼糜摊到模板上,厚度为2~3毫米,将模板连同鱼糜置于鼓风干燥机中,在45℃温度下烘3小时,取下,将半干制品放在网片上,在50℃温度下继续烘4小时,使鱼片水分降至20%左右。

(8)油炸:将烘好的鱼片切成小块投入温度为190~200℃的色拉油中,轻轻翻动,炸5~7分钟,当鱼脯表面呈金黄色时,捞出沥油。

(9)调味:调味汁配方(以每千克鱼肉脯计):生姜5克、酱油18克、白砂糖15克、精盐4克、味精0.3克、胡椒粉1克、辣椒干1克、桂皮15克、八角15克、清水300克。调味汁煮制:按配方的量将洗净的桂皮、八角、生姜投入锅中,加水煮沸,保持微沸1小时,然后捞出香料,控制锅中配液为300克左右,用纱布过滤后,加入酱油等并加热,搅拌溶解、煮沸。将炸好的鱼脯趁热浸入调味汁中,浸泡10~15秒,捞出沥干。

(10)烘制:将鱼肉脯放入鼓风干燥箱中,于100℃温度下烘至酥脆,然后密封包装,即得成品。

(三)鱼粒休闲食品

鱼粒是一种味道鲜美、富有营养价值的新型水产休闲食品。它是以低值大宗淡水鱼为主原料,以淀粉、白糖、食盐、香辛料等为辅助材料,经混合、熟化、压制成型的粒状休闲食品,它具有高蛋白、低脂肪、营养丰富且食用方便等优点。控制添加辅料的成分,加入人体所需的营养成分,可以加工成强化食品或保健食品,特别是针对儿童营养失衡、少儿肥胖等现象开发的食品,目前鱼粒在港澳地区和东南亚都有很大的销售市场。

1. 工艺流程

原料鱼→采肉→蒸煮→脱水→添加辅助材料→拌炒→压模成形→烘烤→冷却→包装→杀菌→成品

2. 加工工艺要求

(1)采肉:将冷冻低值鱼去头、去鳞、去内脏,并冲洗干净,然后用采肉机采取鱼肉。

(2)蒸煮、脱水:称取一定量鱼肉盛于蒸笼上,蒸煮 10 分钟,冷却后用离心机脱水。

(3)添加辅助材料、炒熟:脱水后鱼肉放置于炒锅中,鱼粒休闲食品配方为:鱼肉 100 克、淀粉 15 克、白糖 15 克、精盐 1.8 克、味精 1 克、鸟苷酸 + 肌苷酸 0.1 克、五香粉 1 克、辣椒粉 1 克、胡椒粉 0.4 克、芥末粉 2 克、蜂蜜 10 克。将配方混合搅拌均匀,然后边加热边翻动物料,拌炒 10 分钟左右。为使成品质地均匀,颗粒较大的添加物必须预先粉碎成粉末状,如砂糖和味精等,再用少量水溶解,在炒熟时,必须边搅拌边加热,使淀粉等添加物糊化,产生一定的黏结力,以利于成形。

(4)压模成形:将炒熟的物料装入鱼粒成形模具中,压制成形。为使成品边角整齐,口感结实而不硬,成形前物料水分必须控制适当,压模成形必须有一定的压力。

(5)烘烤:将成形后的鱼粒放置于烘箱内烘烤,采用从低温到高温梯度分段烘干法,由 65℃烘 2.5 小时→75℃烘 1 小时→85℃烘 0.5 小时,最后 130℃烘烤 5 ~ 10 分钟,使鱼粒制品的软硬度适中,并具有浓郁的香味,且通过调节烘烤温度和烘烤时间,使成品的色泽、质地和风味达到最佳。

(6)包装:将烘烤后的鱼粒冷却至常温,用复合锡箔纸独立包装,再用复合薄膜袋包装成袋。

(7)杀菌及贮藏方法:将包装封口后的鱼粒,利用辐照保鲜技术。经^{60}钴放射源辐射杀菌,即制得鱼粒休闲食品,该产品在室温环境下可保存 180 天。

第十章
大宗淡水鱼加工废弃物的高值化综合利用技术

近十年来,国内外水产养殖产业,尤其是淡水养殖产业的飞速发展。在国家相关政策的引导下,淡水水产品加工行业也受到企业及科研工作者的重视,尤其是欧美、日本和澳洲等发达国家,在淡水水产品加工及其综合利用方面具有先进的生产技术,淡水水产品的利用率高达80%~100%。我国是淡水鱼养殖大国,年产量居世界第一,淡水鱼养殖业发展势头迅猛,产量逐年增加。据统计,2013年中国淡水鱼年总产量达2647.85万吨。虽然我国的淡水渔业发展速度快,但由于重养殖轻加工、生产技术相对落后,淡水鱼的加工利用率远不如发达国家,淡水水产品的加工还处于较低层次,利用率仅能达到30%左右,产生一半以上的废弃资源,造成大量优质资源的严重浪费,且污染环境、破坏生态平衡。

常见的淡水鱼加工废弃物包括鱼头、鱼皮、鱼鳞、鱼内脏、鱼骨等。目前,这类加工废弃物只有少部分被干燥粉碎后作为饲料,大部分被直接丢弃,造成了严重的环境污染。随着科研工作的进行,大量的科学报道揭示了淡水鱼加工废弃物中含有很高的营养价值。例如,鱼头、鱼皮、鱼骨、鱼刺混合物中,蛋白质含量达14%,油脂含量为9.22%;鱼皮和鱼鳞中富含胶原蛋白,可作为胶原蛋白、明胶和胶原活性肽的良好来源;鱼内脏中鱼油含量丰富,且不饱和脂肪酸较多。充分利用这些下脚料,不但符合当今“变废为宝”、缓解生态环境负担的低碳环保的宗旨,还可以提高淡水鱼的加工利用率,创造额外的经济效益,提升淡水鱼加工产业的竞争力。

根据大宗淡水鱼加工废弃物的特性和组成，运用现代绿色食品加工技术，将下脚料进行分类，可针对性地制备多种高附加值产品，如胶原蛋白、明胶、胶原活性肽、鱼油、鱼精蛋白、鱼露等。

第一节　鱼骨、鱼鳞的综合利用

一、鱼骨的综合利用

鱼骨中含有丰富的钙和磷，制作鱼骨食品主要是利用鱼骨中易于被人体吸收的胶原蛋白、钙、磷及其他微量元素，以补充人体对钙、磷及其他微量元素的需求。另外，经常食用鱼骨可防止骨质疏松，对青少年及中老年人都非常有益。

鱼骨经高压蒸煮、破碎、磨成骨泥，再配以食盐、白砂糖、淀粉、酪朊酸钠、黄原胶、蔗糖酯、辣椒油、香辛料、谷氨酸钠制成海鲜辣酱。鱼头经蒸煮、酶解、过滤等工序可制得风味物质，该风味物质可直接用作调味料，也可以添加到酱油、鸡精中制成复合调味品。

(一)鱼骨羹

1.原料

大宗淡水鱼鱼骨、鱼头以及食盐、味精等。

2.工艺流程

新鲜鱼头、鱼骨→清洗→高压处理→匀浆→熬煮→鱼羹高钙食品。

3.操作要点

(1)清洗鱼骨：将去除鱼肉后的鱼骨用清水冲洗干净。

(2)高压预处理：将鱼骨与水按1∶1的比例，在高压灭菌锅(0.18兆帕，120℃)中蒸煮60分钟。

(3)匀浆：取出后加入适量水于高速组织捣碎机中匀浆，制成均匀糊状。

(4)熬煮：向锅内加入1.0%(重量/重量)的食盐、0.9%(重量/重量)的酱油、0.4%(重量/重量)的味精及0.3%(重量/重量)的香辛料熬煮6~7小时即可制得鱼骨羹。

(二)香酥鱼骨

1.原料

鱼骨；辅料：食盐、姜片、辣椒、植物油、豆豉、五香料等。

仪器设备：高温高压蒸煮锅、烘烤箱、油锅、案板、刀具等。

2. 工艺流程

原料处理→漂洗、沥干、称重→拌调味液→软化→烘干→油炸→调味→包装、封口→杀菌→成品。

3. 操作要点

(1) 原料处理:将鱼骨的脊椎骨分切成长6~8厘米,宽3~4厘米的长条形,也可根据具体的要求而定。

(2)漂洗、沥干、称重:将切好的鱼骨放在流水下冲洗5~8分钟,洗尽骨上淤血、腱膜、污物等,在筛网上沥干后称重,备用。

(3)拌调味液:以加入的水重为准,生姜1%、桂皮0.8%、白芷0.5%、八角0.5%、小茴香0.5%、花椒0.2%、白砂糖2%、陈皮0.5%、草果0.8%、大蒜1%等。将以上调料称量好后加入到2000毫升水中煮半个小时以上,使加入的水煮至1000毫升时停止加热,取下料液后适量加入占液重3%的食盐、适量的白酒备用。

(4)软化:在121℃、0.1兆帕下将拌好料液的鱼骨蒸煮一定时间,不同蒸煮时间的蒸煮效果不同,对成品品质的影响也各不相同。

(5)干燥:将通过高温高压蒸煮的鱼骨沥干后放入烘箱内干燥。

(6)油炸:将烘干的鱼骨放入油锅内炸制,油温控制在120~160℃之间,使鱼骨呈现诱人的金黄色,骨脆而味香,结构完整美观。

(7)调味:炸后的鱼骨沥干油后与配料混合,拌匀。

配料配方:按原料重计,植物油20%、芝麻1.5%、豆豉3%、味精1%、食盐2%、辣椒粉3%、五香粉1%、胡椒粉1%。

将以上配料称好后,先将豆豉在清水中泡制5~8分钟,将油加温至100℃左右时放入豆豉炸制1分钟,依次放入芝麻和辣椒粉炸制1分钟,然后依次加入五香粉、食盐、味精、胡椒粉等,并充分拌匀备用。食盐、味精需先用少量水溶解。

(8)包装、杀菌、保温、打检、入库。

二、鱼鳞(鱼皮)的综合利用

鱼鳞是鱼真皮层的变形物质,是鱼体与外界接触的边缘组织,是鱼类真皮层胶原质经长期进化而形成的骨质衍生物。鱼鳞主要是由羟基磷灰石和蛋白质组成,两者高度有规律的排列形成的空间结构。鱼鳞中蛋白质和各种矿物质的含量相当高,蛋白质约占鱼鳞总重量的50%~70%,其中以胶原蛋白和鱼鳞硬蛋白为主。鱼鳞中的蛋白质以胶原蛋白的含量最高,鱼鳞的无机物含量也非常高,约占鱼鳞总质量的38%~46%,其中金属离子含量最高的是钙,因此为了使鱼鳞资源得到充分利用,可从鱼鳞中提取胶原蛋白,也可以利用鱼鳞生产良好的补钙产品。

(一)超声波辅助提取鱼鳞明胶

1.工艺流程

新鲜、干燥或冻藏的大宗淡水鱼鱼鳞→除杂→清洗→稀酸脱钙→清洗→超声波辅助加热处理鱼鳞→过滤→提纯→蒸发浓缩→杀菌→挤胶→干燥→检验→成品出厂。

2.操作要点

(1)选料:选择新鲜、干燥或冷冻鱼鳞,严禁采用腐败变质的鱼鳞。

(2)除杂:去除鱼鳞中混杂的鱼内脏、鱼鳃、鱼鳍等杂质,以免影响明胶品质。

(3)清洗:加水至水超过鱼鳞10厘米左右,搅拌混合半小时后静置半小时,排水。同样方式处理至水完全清澈。

(4)稀酸脱钙:加入湿鱼鳞重量3倍左右的浓度为0.5摩尔/升的稀盐酸溶液,25℃左右浸酸1小时。在浸酸过程中适当地搅拌,以促进鱼鳞中钙质的溶出。

(5)清洗:浸酸脱钙结束后,去除酸液,对鱼鳞进行反复清洗,直至pH接近中性或微酸性。为提高pH,可加入适当稀碱至pH接近中性为宜。采用稀碱调节pH时应避免白色物质产生,防止其影响明胶产品的透明度。

(6)超声波辅助加热处理鱼鳞:超声波功率设定为200瓦,温度设定为60℃,料液比(湿鱼鳞:水)为1:3,超声波处理1~2小时。若要进一步提升鱼明胶得率,可将超声波处理得到的明胶液过滤出来,再一次按照相同比例加入水,并适当提高处理温度,得到二次提取的明胶。两次提取的明胶凝胶强度会有所差别,最好不要简单混合。

(7)过滤:超声波处理结束后,通过过滤分离明胶液和鱼鳞残渣。可串联多种过滤器对明胶液进行过滤,以保证充分去除杂质。

(8)提纯:可运用离子交换树脂进一步纯化明胶溶液,除去明胶溶液中的无机离子(尤其是重金属),提高鱼明胶的品质。

(9)蒸发浓缩:采用多效真空蒸发器对明胶溶液进行浓缩,一般将其浓缩至质量分数为20%~30%。

(10)高温杀菌:运用高温瞬间杀菌器于140℃左右对明胶液灭菌7秒。在此温度和时间下,大肠杆菌、沙门氏菌等能被有效杀灭,能有效保证鱼明胶的微生物指标达到国标。

(11)挤胶:采用挤胶机将明胶溶液冷冻成明胶凝胶体,然后通过挤压作用挤压成"面条状"。

(12)干燥:采用温度分段式干燥明胶,由于胶冻在升温条件下易融化,所以先采用低温(大约20℃)、低湿度的干燥空气进行低温干燥。当胶冻表面形成具有一定坚硬度的干膜后,则可转入升温干燥段,此时胶冻内部的明胶即使融化成溶液也被表面的干膜所包裹,此阶段的干燥空气温度一般不超过40℃。干燥后的干胶条的含水率大约为10%~13%。

(13)粉碎:干燥好的明胶条经破碎和碾磨即可得到颗粒均匀的半成品明胶。

(14)检验和成品出厂:检验人员在确认明胶产品合格之后,按照统一规格或根据客户要求进行产品包装。为确保每一批次产品的稳定性,包装之后的明胶产品再次交由质检部门检验,合格后即可出厂。

(二)酸溶性胶原蛋白的提取技术

1.工艺流程

鱼鳞或鱼皮→除杂→清洗→稀酸脱钙→清洗→酸溶性胶原蛋白的提取→过滤→纯化→脱盐→冻干→检验→包装出厂。

2.操作要点

(1)酸溶性胶原蛋白的提取过程的选料、除杂、清洗和稀酸脱钙步骤的操作要点与超声波辅助提取鱼鳞明胶的方法相同。

(2)除酸:浸酸脱钙结束后,对鱼鳞进行反复清洗去除酸液,直至pH接近中性或微酸性,沥干。

(3)酸溶性胶原蛋白的提取:湿鱼鳞或鱼皮与溶液按照1:3的比例加入0.5摩尔/升醋酸,然后置于4℃提取24小时,提取过程中辅以搅拌加速胶原蛋白的溶出。

(4)过滤:用两层滤布分离提取得到酸溶性胶原蛋白和原料残渣,为提高胶原蛋白得率,可重复步骤(3)和(4)。

(5)纯化:在不断搅拌的情况下,将氯化钠固体加入酸溶性胶原蛋白溶液中,使氯化钠浓度达到0.7摩尔/升。静置4小时使胶原蛋白充分析出,然后在8000转/分钟下离心20分钟,分离得到的沉淀物质即为胶原蛋白,用0.5摩尔/升醋酸溶液复溶胶原蛋白。最后重复一次上述纯化步骤。

(6)脱盐:利用超滤技术对纯化后的胶原蛋白醋酸溶液进行胶原蛋白的脱盐处理,截留液即为胶原蛋白浓缩液。

(7)冻干:为保存胶原蛋白的生物活性,采用冷冻干燥的方式去除胶原蛋白中的水分。

(8)检测:由质检人员检测胶原蛋白产品的物理、化学和微生物指标,达标后包装出厂。

(三)酶溶性胶原蛋白的提取技术

1.工艺流程

鱼鳞或鱼皮→除杂→清洗→稀酸脱钙→清洗除酸→酶溶性胶原蛋白的提取→过滤→脱酸→纯化→浓缩→冻干→检验→包装出厂。

2.操作要点

酶溶性胶原蛋白的提取技术的选料、除杂、清洗和稀酸脱钙步骤的操作要点与超声波辅助提取鱼鳞明胶的方法相同,其清洗除酸、浓缩、冻干和检测步骤的操作要点均与酸溶性胶原蛋白的提取技术相同,不同之处在于酶溶性胶原蛋白的提取、脱盐和纯化过程。其操作要点是:

(1)酶溶性胶原蛋白的提取:选用胃蛋白酶作为提取酶溶性胶原蛋白的酶,其最适 pH 为 1.5~2.5,因此采用 0.5 摩尔/升的柠檬酸提供酸性环境。按照湿鱼鳞与溶液 1:3 的比例加入 1 摩尔/升柠檬酸,加入 1% 的胃蛋白酶后,置于 37℃ 条件下提取 4 小时,提取过程中辅以搅拌,加速胶原蛋白的溶出。

(2)脱酸:提取后的胶原蛋白溶液通过离心后取上清液,再加入氢氧化钙,将上清液中的柠檬酸全部中和,使 pH 值达到 6.0~7.0,然后加热煮沸直至出现大量沉淀,离心,去除沉淀,取上清液。

(3)纯化:采用截留分子量为 10 千道的膜进行上清液的分离纯化,滤过液即为分子量在 10000 道以下的胶原蛋白产品。

(4)浓缩:采用多效真空蒸发器对胶原蛋白溶液进行浓缩,一般将其浓缩至质量分数为 20%~30%。

第二节 鱼内脏的综合利用

一、鱼肠的综合利用

鱼肠中含有鱼油,虽然大宗淡水鱼中的鱼油品质不如深海鱼油,但是仍然含有一定的不饱和脂肪酸,根据淡水鱼种类的不同,其含量亦不同,其中以白鲢、鳙鱼、鲶鱼的含量最高,从这三种鱼的头、皮、内脏等提取的鱼油,每升中 EPA、DHA 的总含量可达 128 克、99 克、87 克。还有报道显示,每升鳊鱼油中含 EPA、DHA 的总含量也可达 114 克。可见,淡水鱼与海鱼一样,可作为人类 EPA、DHA 的主要来源。

(一)鱼油的营养及功能

根据不饱和脂肪酸碳碳双键数目的多少分为单不饱和脂肪酸(monounsaturated

fatty acid，MUFA）和多不饱和脂肪酸（polyunsaturated fatty acid，PUFA）。MUFA的碳链中仅含有一个双键，PUFA的碳链中则含有多个双键，其分为ω-3系、ω-6系、ω-7系和ω-9系，它们的特征差别在于第一个碳碳双键与主碳链甲基端碳原子的距离。ω-3系PUFA有：α-亚麻酸（全顺式9，12，15-十八碳三烯酸）、EPA（Eicosa Pentaenoic Acid，二十碳五烯酸）和DHA（Docosahexaenoic Acid，二十二碳六烯酸）三种，EPA和DHA均是α-亚麻酸代谢产生的，人体自身不能合成。鱼油中EPA和DHA含量丰富，其对人体的大部分生理保健功能都是通过EPA和DHA实现的。在人体中，EPA主要分布在外周心血管系统中，具有降低血脂、抗血小板凝聚，从而延缓血栓形成的生理作用；DHA主要分布在神经系统中，具有健脑益智功能，EPA和DHA主要有以下生理作用。

1. 抗癌免疫

摄入过多饱和脂肪酸和反式脂肪酸会明显提高癌症、心脑血管病等疾病的发病率。另外，体内过多的ω-6系列多不饱和脂肪酸会经过一系列反应转变成PGE2（前列腺素E2），它能够促进肿瘤生长，ω-3系列多不饱和脂肪酸能够阻止产PGE2反应的进行，抑制肿瘤。

2. 健脑明目

DHA是大脑、视网膜、神经系统磷脂的重要组成成分，被誉为“脑黄金”，对婴幼儿及青少年智力和视力的发育具有重要作用。它能选择性地渗入大脑皮质、视网膜中，参与乙醇胺磷脂和神经磷脂的构建，使细胞膜呈液态，更具有流动性和通透性，使细胞充满活力。DHA在光刺激的传递中具有十分重要的作用，它能够活化衰落、老化的视网膜细胞，可防治视力模糊、白内障、青光眼、老花眼等视力性疾病。

3. 降血压、降血脂、抗动脉粥样硬化

EPA、DHA通过抑制内源性胆固醇及脂类的合成，促进血液中胆固醇、脂类及低密度脂蛋白的代谢，降低此类动脉硬化因子水平，并且能够通过增加卵磷脂-胆固醇转移酶、脂蛋白脂酶的活性提升高密度脂蛋白这类抗动脉硬化因子的水平。因此，EPA、DHA可防止动脉粥样硬化和心血管疾病的产生。另外，EPA、DHA能抑制血小板聚集，使凝血时间得以延长，血小板数量大幅减少，肾上腺素的敏感性大幅降低，从而产生抗血栓、降血压的功效。

4. 抗炎作用

EPA和DHA能够通过抑制中性粒细胞及单核细胞中5-脂氧化酶的代谢，促进几乎无生理活性的白三烯B5（LTB5）的合成，同时抑制LTB4（具有强的收缩平滑肌与致炎作用）介导的中性白细胞技能，并通过降低白介素-1的浓度影响白介素的代谢，起到抗炎作用。此外，ω-3系列多不饱和脂肪酸能够降低病人机体中超氧化物歧化酶的活性，从而增强抗氧化能力。

（二）酶法提取鱼油

1. 工艺流程

鱼内脏→酶解→离心→上层油脂→除杂→去除溶剂→粗鱼油。

2. 操作要点

（1）鱼内脏：将鱼内脏清洗干净，去除鱼鳞、鱼骨等杂物。

（2）酶解：添加0.6%蛋白酶50℃水解2小时，酶解pH为7.0。

（3）离心：室温下4000转/分钟离心10分钟，上清液为上层油脂。

（4）除杂：采用1:1（体积/体积）的提油溶剂：油脂萃取1小时除杂。

（5）去除溶剂：采用蒸发法去除溶剂，提取溶剂可以回收。

（6）粗鱼油：溶剂蒸发完后得到的液体为粗鱼油。

（三）钾法提取鱼油

1. 工艺流程

鱼内脏→加热→调pH值→搅拌升温→水解→盐析→离心→粗鱼油。

2. 操作要点

（1）鱼内脏：将鱼内脏清洗干净，去除鱼鳞、鱼骨等杂物。

（2）加热：将清洗干净的鱼内脏与水按等比例混合，置于锅中，水浴升温至45~50℃。

（3）调pH值：加入40%的氢氧化钾溶液，调pH至8~9。

（4）搅拌升温：1000转/分钟搅拌混合液，升温至80~90℃后保持30分钟。

（5）水解：加入4%的硝酸钾水解混合液。

（6）盐析：加入氯化钠盐析15分钟。

（7）离心：将混合液于4000转/分钟离心5分钟，上清液即为粗鱼油。

（四）鱼油的精炼

鱼油的精炼工艺在充氮气状态下进行。

1. 鱼油的脱胶

称一定量的粗鱼油于锅中，在水浴中边加热边搅拌至80℃，然后缓慢加入油量1%的不同浓度的磷酸，搅拌均匀，在80℃下加热5分钟，最后3000转/min离心10分钟，吸出上层油样，即为脱胶鱼油。

2. 鱼油的脱酸

向脱胶鱼油中加入不同量的NaOH溶液均匀搅拌后，加热至60℃，保温20分钟，然后冷却至室温，静置分层，以3500转/分钟离心10分钟，除去沉淀，然后再加入一定体积的水，洗去残留的皂，重复三次，除去下层水，倾出上层油即为脱酸鱼油。

3. 鱼油的脱色

将上述处理好的鱼油在水浴中加热至60℃，加入适量活性白土混合均匀，不断搅拌维持20分钟后，3500转/分钟离心10分钟，分离出的油层即为脱色鱼油。

4. 鱼油的脱臭和脱腥

将鱼油加热至一定温度，抽真空脱臭一定时间，除去挥发物，即得脱臭鱼油。

二、鱼肝的综合利用

鱼类的肝脏中，一般都含有较高的油脂，即鱼肝油，它含有丰富的维生素A、维生素D等成分，具有防治夜盲症和佝偻病、保护皮肤组织、促进动物生长发育等功效。

（一）发酵鱼肝的制作

1. 工艺流程

鱼肝→预处理→清洗→减菌化处理→发酵→真空包装→蒸煮→冷却→冷藏。

2. 操作要点

（1）预处理：用剪刀将血管剪破，但不要将鱼肝上的薄膜剪破。

（2）清洗：用2%～3%的冰盐水于0～7℃左右清洗三次，要求将血渍全部挤出清洗干净。

（3）减菌化处理：将清洗后的鱼肝放入臭氧水中进行浸泡减菌化处理。

（4）发酵：将减菌化处理的鱼肝与6%的食盐及2%的葡萄糖放入灭菌容器中，按比例接种发酵剂混匀后，置于适宜温度下密封发酵。

（5）真空包装：对发酵腌制后的鱼肝制品立即进行真空包装。

（6）蒸煮：将真空包装后的鱼肝立即放入蒸煮锅内蒸煮，蒸煮温度≥95℃，时间≥45分钟。

（7）冷却：将蒸煮后的产品放入0℃左右的冷却水降温30分钟以上。

（8）冷藏：将冷却后的鱼肝在0～3℃下储藏。

（二）鱼肝油的提取方法

1. 鱼肝油的提取工艺流程

鱼肝→解冻→绞碎→调节液固比→调节pH值→加酶→酶解→灭酶→离心分离→粗鱼肝油。

2. 操作要点

（1）鱼肝：对原料进行检验，除去不新鲜的肝、金属、石块等机械夹杂物。

（2）解冻：冷冻肝需用温水予以解冻，对盐藏过的肝必须先用水洗以脱去一部分盐。

(3)绞碎:鱼肝清洗干净后,用搅碎机绞碎。

(4)调节固液比:以1:1的固液比加入一定量的水。

(5)调节pH:调节pH至8.0。

(6)酶解:加入2.0%碱性蛋白酶于55℃酶解3.5小时。

(7)灭酶:将混合液加热至90℃,灭酶15分钟。

(8)离心分离:取混合液,1300转/分钟离心5分钟,上清液即为粗鱼肝油。

(三)其他常见的鱼肝油提取方法

1.蒸煮法

将鱼肝进行蒸煮,使鱼肝的细胞破坏,肝油分离出来。这种方法一般以加工多脂鱼肝为主,分为间接蒸汽加热和直接蒸汽加热两种方法。

(1)间接蒸汽法第一阶段溶油75~90分钟,静置60分钟;第二阶段溶油120分钟,静置90~120分钟。

(2)直接蒸汽加热法第一阶段加热50~70分钟,溶油20~30分钟,静置90~120分钟;第二阶段加热和溶油的时间同第一阶段,静置60~120分钟。

蒸煮后的肝油可用离心法或沉降法将其中的蛋白质颗粒和水分离,然后经洗涤、脱水即可制得粗肝油,而肝渣仍含有23%~25%的油,可通过压榨的方法进一步提取肝油。

2.稀碱水解法

稀碱水解法也称消化法,主要是采用稀碱液将鱼肝蛋白质组织分解,破坏蛋白质与肝油之间的结合,从而更充分地分离出肝油。这种方法的特点是出油率和维生素得率都较高,肝油颜色淡、酸价低,是我国鱼肝油生产企业采用的主要方法,适合于多脂鱼肝中鱼肝油的提取。

3.低温提油法

低温提油法是利用低温冻结和研磨,使肝脏细胞内形成冰晶而导致细胞破裂并使肝油分离的一种方法。这种方法是将肝脏磨成浆,再冻结,解冻后加入适量的水,用离心机分离肝油。

4.萃取法

利用食用油或有机溶剂使鱼肝中的维生素提取出来。这种方法适合于含油量低却又富含维生素的鱼肝,一般采用水解-萃取法,先用稀碱(10%浓度的烧碱)水解提取,再用清油萃取,而有机溶剂萃取一般采用逆流方式的液-液萃取法。当有机溶剂的相对密度大于水解液相对密度1.05时,水解液应由下往上,而有机溶剂则由上往下;反之,则两者的流向相反。此外两种方法都必须在萃取前先对原料进行真空脱水，以增加提取效率。

其他的鱼肝油提取的方法还包括还有超声波、脉冲等，它们都能在不同程度上分离鱼肝油。

三、鱼卵的综合利用

鱼卵营养丰富，蛋白质含量高，原料污染少，成品口感好，尤其受日本人的欢迎，并且加工工艺简单，得率高，经济效益好。

（一）原料

鱼卵；辅配料：姜、绿茶、精盐、白砂糖、孜然粉、白醋、麦芽糊精、卡拉胶。

（二）鱼卵粒工艺流程

冷冻鱼卵→解冻→清洗→脱腥→清洗→蒸煮→研磨过筛→加入辅配料→炒制→成型→烘干→冷却→包装→成品→贮藏。

（三）操作要点

（1）原料解冻：采用自然空气解冻，根据季节的不同控制解冻时间。

（2）清洗：将解冻后的鱼卵放于漏勺中轻轻置于水中清洗。

（3）脱腥：将沥干后的鱼卵浸泡于0.75克/升白醋和0.75克/升姜汁的复合脱腥液中30℃脱腥180分钟，鱼卵与脱腥液的质量比为1∶5，此法能有效脱除鱼卵的腥味。

（4）沥干：将鱼卵放置在箅子中自然晾干，直至鱼卵表面较干，无水滴流下。

（5）蒸煮：将鱼卵置于蒸笼上，蒸煮温度一般为100℃，蒸煮程度以鱼卵熟透为度。

（6）研磨过筛：去除鱼卵皮膜上粘有的黑皮、胆管及其他杂质后将之倒入研钵中进行研磨，研磨后过10目筛子进一步除去杂质（主要是皮膜）。

（7）添加辅配料：将鱼卵比重的5.0%麦芽糊精、2.0%卡拉胶、1.0%精盐添加量和6.0%白砂糖与鱼卵充分混匀，其中辅配料和抗氧化剂需预先溶解，卡拉胶要在80℃恒温水浴条件下加入。

（8）炒制：将鱼卵与辅配料充分混合后，置炒锅中用文火加热炒制，去除一部分水分。

（9）成型：将炒制后的鱼卵迅速倒入模具内成型。

（10）干燥：将盛有鱼卵的模具置于温度为65℃烘箱中烘制，10分钟后取出脱模并切成1立方厘米见方小块，再置于烘箱中烘制，每隔2小时取出回潮1小时，烘制时间为5.5小时。

（11）冷却、包装：自然条件下冷却至室温，将合格产品按照相关要求包装。

第十一章 卫生管理和作业规范

第一节 原辅材料的卫生要求和管理

一、一般要求

应建立食品原料、食品添加剂和食品相关产品的采购、验收、运输和贮存管理制度,确保所使用的食品原料、食品添加剂和食品相关产品符合国家有关要求。不得将任何危害人体健康和生命安全的物质添加到食品中。

二、食品原料、添加剂及相关产品

(1)采购的食品原料、添加剂和相关产品应当查验供货者的许可证和产品合格证明文件;对无法提供合格证明文件的食品原料、添加剂和相关产品,应当依照食品安全标准进行检验。

(2)食品原料、添加剂和相关产品必须经过验收合格后方可使用,经验收不合格的应在指定区域与合格品分开放置并注明显标记，且应及时进行退、换货等处理。

(3)加工前宜进行感官检验，必要时应进行实验室检验；检验发现涉及食品安全项目指标异常的，不得使用；只能使用确定合格的食品原料、添加剂和相关产品。

(4)运输及贮存中应避免日光直射，还需备有防雨防尘设施；根据食品原料、添加剂和相关产品的特点和卫生需要，必要时还应具备保温、冷藏、保鲜等设施。

(5)运输工具和容器应保持清洁、维护良好，必要时应进行消毒。食品原料、添加剂和相关产品不得与有毒、有害物品同时装运，避免污染。

(6)食品原料、添加剂和相关产品的仓库应设专人管理，建立管理制度，定期检查原料质量和仓库卫生情况，及时清理变质或超过保质期的食品原料、添加剂和相关产品。仓库出货顺序应遵循先进先出的原则，必要时应根据不同食品原料、添加剂和相关产品的特性确定出货顺序。

三、其他

盛装食品原料、食品添加剂、直接接触食品的包装材料的包装或容器，其材质应稳定、无毒无害、不易受污染、符合卫生要求。

食品原料、食品添加剂和食品包装材料等进入生产区域时应有一定的缓冲区域或外包装清洁措施，以降低污染风险。

第二节　生产车间的卫生要求和管理

一、卫生管理

(一)卫生管理制度

(1)应制定食品加工人员和食品生产卫生管理制度以及相应的考核标准，明确岗位职责，实行岗位责任制。

(2)应根据食品的特点以及生产、贮存过程的卫生要求，建立对保证食品安全具有显著意义的关键控制环节的监控制度，良好实施并定期检查，发现问题及时纠正。

(3)应制定针对生产环境、食品加工人员、设备及设施等的卫生监控制度，确立内部监控的范围、对象和频率。记录并存档监控结果，定期对执行情况和效果进行检查，发现问题及时整改。

(4)应建立清洁消毒制度和清洁消毒用具管理制度，清洁消毒前后的设备和工具应分开放置并妥善保管，避免交叉污染。

（二）厂房及设施卫生管理

（1）厂房内各项设施应保持清洁，出现问题应及时维修或更新；厂房地面、屋顶、天花板及墙壁有破损时，应及时修补。

（2）生产、包装、贮存等设备及工器具、生产用管道、裸露食品接触表面等应定期清洁消毒。

（三）食品加工人员健康管理与卫生要求

1. 食品加工人员健康管理

（1）应建立并执行食品加工人员健康管理制度。

（2）食品加工人员每年应进行健康检查，取得健康证明，上岗前应接受卫生培训。

（3）食品加工人员如患有痢疾、伤寒、甲型病毒性肝炎、戊型病毒性肝炎等消化道传染病，以及患有活动性肺结核、化脓性或者渗出性皮肤病等有碍食品安全的疾病，或有明显皮肤损伤未愈合的，应当调整到其他不影响食品安全的工作岗位。

2. 食品加工人员卫生要求

（1）进入食品生产场所前应整理个人卫生，防止污染食品。

（2）进入作业区域应穿着洁净的工作服，并按要求洗手、消毒，头发应藏于工作帽内或使用发网约束。

（3）进入作业区域不应佩戴饰物、手表，不应化妆、染指甲、喷洒香水，不得携带或存放与食品生产无关的个人用品。

（4）使用卫生间、接触可能污染食品的物品、或从事与食品生产无关的其他活动后，再次从事接触食品、食品工器具、食品设备等与食品生产相关的活动前应洗手消毒。

3. 来访者

非食品加工人员不得进入食品生产场所，特殊情况下进入时应遵守和食品加工人员同样的卫生要求。

（四）虫害控制

（1）应保持建筑物、接触表面、设备、工具及包装材料完好，环境整洁，防止虫害侵入及孳生，除虫灭害工作应有相应的记录。

（2）应制定和执行虫害控制措施，并定期检查。生产车间及仓库应采取有效措施（如纱帘、纱网、防鼠板、防蝇灯、风幕等），防止鼠类昆虫等侵入。若发现有虫鼠害痕迹时，应追查来源，并消除隐患。

（3）应准确绘制虫害控制平面图，标明捕鼠器、粘鼠板、灭蝇灯、室外诱饵投放点、生化信息素捕杀等装置的放置位置。

(4)厂区应定期进行除虫灭害工作。

(5)采用物理、化学或生物制剂进行处理时,不应影响食品安全和食品应有的品质、不应污染食品的接触面。

(6)使用各类杀虫剂或其他药剂前,应做好预防措施避免对人身、食品、设备工具造成污染;不慎污染时,应及时将被污染的设备、工具彻底清洁,消除污染。

(五)废弃物处理

(1)应制定废弃物存放和清除制度,有特殊要求的废弃物的处理方式应符合有关规定。废弃物应定期清除,易腐败的废弃物应尽快清除,必要时应及时清除废弃物。

(2)车间外废弃物放置场所应与食品加工场所隔离,应防止不良气味或有害有毒气体溢出和虫害孳生等污染。

(六)工作服管理

(1)进入作业区域应穿着工作服。

(2)应根据食品的特点及生产工艺的要求配备专用工作服,如衣、裤、鞋靴、帽和发网等,必要时还可配备口罩、围裙、套袖、手套等。

(3)应制定工作服的清洗保洁制度,必要时应及时更换,生产中应注意保持工作服干净完好。

(4)工作服的设计、选材和制作应适应不同作业区的要求,降低交叉污染食品的风险;应合理选择工作服口袋的位置、连接扣件等,以降低内容物或扣件掉落污染食品的风险。

二、生产过程的食品安全控制

(一)产品污染风险控制

(1)应通过危害分析方法明确生产过程中的食品安全关键环节,并设立食品安全关键环节的控制措施。在关键环节所在区域,应配备相关的文件以落实控制措施,如配料(投料)表、岗位操作规程等。

(2)鼓励采用危害分析与关键控制点体系(HACCP)对生产过程进行食品安全控制。

(二)生物污染的控制

1. 清洁和消毒

(1)应根据原料、产品和工艺的特点,针对生产设备和环境制定有效的清洁消毒制度，降低微生物污染的风险。

(2)清洁消毒制度应包括以下内容：清洁消毒的区域、设备或器具名称；清洁消毒工作的职责；使用的洗涤、消毒剂；清洁消毒的方法和频率；清洁消毒效果的验证及不符合的处理；清洁消毒工作及监控记录。

(3)应确保实施清洁消毒制度，如实记录，及时验证消毒效果，发现问题及时纠正。

2. 食品加工过程的微生物监控

(1)根据产品特点确定关键控制环节进行微生物监控，必要时应建立食品加工过程的微生物监控程序，包括生产环境的微生物监控和过程产品的微生物监控。

(2)食品加工过程的微生物监控程序应包括：微生物监控指标、取样点、监控频率、取样和检测方法、评判原则和整改措施等，结合生产工艺及产品特点制定。

(三)化学污染的控制

(1)应建立防止化学污染的管理制度，分析可能的污染源和污染途径，制定适当的控制计划和控制程序。

(2)应当建立食品添加剂和食品工业用加工助剂的使用制度，按照GB 2760的要求使用食品添加剂。

(3)不在食品加工中添加食品添加剂以外的非食用化学物质和其他可能危害人体健康的物质。

(4)生产设备上可能直接或间接接触食品的活动部件若需润滑，应当使用食用油脂或能保证食品安全要求的其他油脂。

(5)建立清洁剂、消毒剂等化学品的使用制度。除清洁消毒必需和工艺需要，不应在生产场所使用和存放可能污染食品的化学制剂。

(6)食品添加剂、清洁剂、消毒剂等均应采用适宜的容器妥善保存，且应明显标示、分类贮存；领用时应准确计量、做好使用记录。

(7)应当关注食品在加工过程中可能产生有害物质的情况，鼓励采取有效措施降低其风险。

(四)物理污染的控制

(1)应建立防止异物污染的管理制度，分析可能的污染源和污染途径，并制定相应的控制计划和控制程序。

(2)应通过采取设备维护、卫生管理、现场管理、外来人员管理及加工过程监督等措施，最大限度地降低食品受玻璃、金属、塑胶等异物污染的风险。

(3)应采取设置筛网、捕集器、磁铁、金属检查器等有效措施降低金属或其他异物污染食品的风险。

(4)当进行现场维修、维护及施工等工作时，应采取适当措施避免异物、异味、碎屑等污染食品。

(五)包装

(1)食品包装应能在正常的贮存、运输、销售条件下最大限度地保护食品的安全和品质。

(2)使用包装材料时应核对标志，避免误用，应如实记录包装材料的使用情况。

第三节　HACCP在淡水鱼产品加工中的应用

HACCP全称是Hazard Analysis Critical Control Point，即危害分析关键控制点，它是一个以预防食品安全为基础的食品安全生产、质量控制保证体系，由食品危害分析（Hazard Analysis，HA）和关键控制点（Critical Control Point，CCP）两部分组成，被国际权威机构认为是控制由食品所引起的疾病的最有效方法，并被世界上越来越多的国家认为是确保食品安全的有效措施。随着我国加入WTO，中国的水产加工业必将与世界接轨。在市场竞争日益激烈的今天，我国水产品的加工业尤其需要保证产品安全的HACCP系统支持。

一、HACCP的产生与发展过程

HACCP现已成全球食品特别是水产界的通用概念。国家标准GB/T15091－1994《食品工业基本术语》对其规定的定义是：生产（加工）安全食品的一种控制手段；对原料、关键生产工序及影响产品安全的人为因素进行分析，确定加工过程中的关键环节，建立、完善监控程序和监控标准，采取规范的纠正措施。国际标准CAC/RCP－1"食品卫生通则1997修订3版"对HACCP的定义是：鉴别、评价和控制对食品安全至关重要的危害的一种体系。

(一)HACCP的产生、发展与现代食品安全有关

由于我们赖以生存的陆地、海洋、江湖等大环境的不断恶化，水产品受到的危害可用"四面楚歌"来形容，这些危害不仅有来自微生物、化学的危害，也有来自寄生虫及农药的污染。为了把好水产品的安全和质量关，人们常采用的是：监测生产设施运行与人员操作的情况，并对成品进行抽样检验（理化、微生物、感官等）。然而，这种传统的监控方式仍有不足：

(1)抽样规则本身就是有误判风险。水产品是来自单个的易腐生物体,其样本个体的不均匀性要比机电、化工等工业产品更突出,误判风险更难预料。

(2)大量的成品检验费用高,周期长。待检验结果信息反馈到管理层再决定产品质量控制措施时,往往为时已晚。

(3)检验技术已发展到很高水平,但这不等于可“洞察一切”,对于危害物质检查的可靠性仍是相对的。人们希望获得无污染、自然状态的食品,检测结果符合标准规定仍不能消除人们对水产品安全的疑虑。

当传统的质量控制不能消除质量问题时,一种基于全面分析普遍情况的预防战略就应运而生,它完全可以提供满足质量控制预定目标的保证,使食品生产最大限度的趋近于“零缺陷”。这种新的方法就是危害分析与关键控制点－－－HACCP。

HACCP 诞生于 60 年代,由皮尔斯堡(Pillsbury)公司和美国宇航局(NASA)和美国陆军纳提克(Natick)研究所三个单位联合提出,于 1971 年在美国全国食品保护会议期间被公布于众,并在美国逐步推广应用。60 年代的美国正致力于发展空间载人飞行。从这点,我们可以觉察到它的出现与现代科技和现代生活密不可分。宇航食品是经过多道工序并添加多种配料制成的方便食品,其质量要求必须趋近“零缺陷”的绝对安全。可以想象有害物质及肠道致病菌的存在,将给宇航工作带来什么样的后果,这在与美国空间计划有关的食品生产与研究初期是非常清楚的。要想明确判断一种或者多种食品是否能为空间旅行所接受,需采用按数理统计为基础的抽样检验质量控制模式,必须做极为大量的检验。除了费用以外,每批包装食品的很大部分都必须用来检验,仅留下小部分提供给空间飞行。为了减少误判,按传统抽取成品检验的思路,只能是最大限度地扩大抽样比例,变成大部分食品都要做破坏性试验。传统的质量控制方法显然在此不能满足安全性的严格要求。食品微生物等危害存在于许多环节上,并可以采取各种措施予以控制。因此,预先采取措施来防止这些危害和确定控制点是 HACCP 的关键因素。该体系提供了一种科学、逻辑控制食品危害的方法。避免了单纯依靠检验进行控制的不足。一旦建立 HACCP 体系,质量保证将努力针对各关键控制点(HACCP)而避免了无休止的成品检验,从而以较低的成本保证较高的安全性。这些早期的认识促使形成了“危害分析与关键控制点”(HACCP)体系。

(二)欧美发达国家是 HACCP 发展与应用的先锋

1977 年,美国水产界的专家 Lee 首次将 HACCP 概念用于新鲜和冻结的水产品。1986 年,美国国会授权商务部的国家海洋大气管理局(NOAA)根据 HACCP 概念设计改善水产品的监督体制。以后,许多机构合作,以 HACCP 为基础制订对水产品监督检验方案。80 年代美国在水产品的安全性方面进行了广泛研究,进一步推动

HACCP 的推广和应用。1991 年,美国推出 FDA/NOAA 新的推荐性海产品检验规范(草案),并在北美、欧洲、亚洲分别举办区域性研讨会介绍推行新草案。

(三)HACCP 原则的主要内容

危害分析与关键控制点是以预防为主的食品生产安全与质量控制的方法,其基本原则是:

(1)评估影响产品质量与安全卫生的风险,分析其潜在危害(HA)。

(2)鉴别生产加工过程中控制点,并按已分析出的危害确定关键控制点(CCP)。

(3)确定与各关键控制点相适应的临界值。

(4)确立各关键控制点的监控程序和频度以确保符合临界值。

(5)确定经监控认为关键控制点失控时,应采取的纠偏措施。

(6)确定验证 HACCP 体系的正常有效的运行程序。

(7)建立全部程序文件和与上述原则及其应用相适应的准确有效的记录。

二、找出潜在的危害

"危害"是指可导致食品不安全消费的生物、化学或物理特性。能算得上危害的必须是自有的某种本性,将危害消除或减少到最低水平是生产安全食品的根本要求。对低风险的和发生概率极低的危害不必进一步考虑。

水产品可能受到的危害,包括有损于消费者身体健康的生物、化学、物理等方面的风险,其可能存在于养殖、捕捞、加工制造、批发、销售与消费有关的某些或全部环节上。美国联邦法规 21 CFR Part 123 认为食品安全危害包括:自然毒素、微生物污染、化学污染、农药、药品残留物、与安全相关的腐败分解、与安全相关的寄生虫(如:生吃鱼时)、非食用物质和食品添加剂(着色剂、甜味剂、防腐剂)以及物理性危害。危害分析有两个最基本的要素:第一,鉴别可损害消费者的有害物质或引起产品腐败的致病菌或任何病源;第二,详细了解这些危害是如何产生的。危害评估分成两部分,根据五种危害特征将食品进行分类,随后基于这一分类确定风险程度的类别。

危害特征分类包括:

(1)产品是否包含微生物的敏感成分。

(2)加工中是否有有效消灭微生物的处理步骤。

(3)是否存在加工后微生物及其毒素污染的明确危害。

(4)是否有批发和消费者消费过程由于不良习惯造成危害的可能性。

(5)是否在包装后或家庭食用前不进行最后的加热处理。

基于以上五种特征的分类,应加以确定这些危害导致的风险类别、程度及如何减少来自食品生产和批发所含有的危险。加工过程的危害评估程序应在提出产品的加工说明,确定产品制备需要的原材料种类和成分,准备产品生产流程图之后进行。

在分析危害时,我们往往忽视了水产品原料的接收环节,如生长于渔业生态环境恶化条件下的原料鱼、虾、贝(不论是养殖还是捕捞),可能含有超标的有害化学物质或者是贝类毒素,一般的冷冻或加工过程消除不掉这些危害。必须重视原料的证明材料,如水产品的种类、原产地、产地检验证书、养殖水产品的用药及停药期的控制情况是否经过净化处理等。

三、确定关键控制点(CCP)

关键控制点(CCP)可能是某个地点、程序或加工工序,在这里危害能被控制。关键控制点有两种类型:CCP－1 能保证完全控制某一危害,CCP－2 能减少但不能保证完全控制某一危害。在 HACCP 的范围内,某关键控制点上"控制"的含义是通过采取特别的预防措施减小或防止一个或多个危害发生的风险。

一个关键控制点是某一点、步骤或程序,在这里可以采取控制手段将某一食品安全的危害避免或减少到可以接受的水平(注意 CCP－1 和 CCP－2 之间无区别)。这样对每个被认作 CCP 的步骤、地点或程序,必须提供在该点所采取的预防措施的详尽描述。如在该点没有预防措施可采取,那么这点就不是 CCP。

如果某工序的一个确定的危害因素不具备预防措施(PM),那么在该工序就不存在 CCP,也不存在后面的加工工序继续将这一工序定为 CCP。如果某工序的一个确定的危害因素存在预防措施,该工序也不一定是 CCP,其要视该工序危害的限制情况而定。在水产加工过程中可能作为 CCP 的有:原料接收、特定的加热、冷却过程、特别的卫生措施、食品 pH 值或盐分含量调节、包装与再包装等工序。

四、制订每个关键控制点的临界限制指标

确定了关键控制点,我们知道在该点的危害程度与性质,就知道需要控制什么。但仅知道关键控制点还不够,还应明确将其控制到什么程度才能保证产品的安全。为更切合实际,需要更加详细地描述所有的关键控制点。这包括确定物理的(如时间或温度条件)、化学的(如最低盐分浓度)或生物(感官)的属性的判定标准和专门的限度或特性,这些理化或生物的属性保证产品的安全性和可接收质量水平。

临界限制指标为一个或多个必须有效的规定量,若这些临界限中的任何一个失

控,则 CCP 失控,并存在一个潜在(可能)的危害。临界限最常使用的判断数据是温度、时间、湿度、水分(aW)、pH 值、滴定酸度、防腐剂、食盐浓度、有效氯、黏度等标准所规定的物理或化学的极限性状。在某些情况下,还有组织形态、气味、外观、感官性状等。一个 CCP 的安全控制可能需要许多不同种类的标准或规范。

确立临界限时应包括被加工产品的内在因素和外部加工工序两方面的要求。例如,只做食品内部温度应达到某给定温度这样的表述是不充分的,必须确定使用有效的设备达到这一指标的严格操作过程条件。例如:在鱼罐头或鱼糕等鱼糜制品的加热灭菌工序中,不仅规定产品内部应达温度,而且应明确规定灭菌设备须达到的温度(T)和这一温度持续的时间长短(t)这两个操作限制指标。

为了确定关键控制点的临界限制指标,应全面收集法规、技术标准的资料,从其中找出与产品性状及安全有关的限量,还应有产品加工的工艺技术、操作规范等方面的资料,从中确定操作过程中应控制的因素限制指标。

五、建立每个关键控制点的监测措施

确立了关键控制点及其临界限制指标,随之而来的就是对其实施有效的监测措施。这是关键控制点成败的“关键”。监测是对已确定的 CCP 进行观察(观察检查)或测试,将结果与临界限制指标进行比较,从而判定它是否得到完全控制(或是否发生失控)。从监控的观点来看,在被控制的一个 CCP 上发生失误是一个关键缺陷(Critical defect)。

监控结果必须记录与 CCP 监控有关的全部记录和文件,必须由监测者或负责的官员二人签字。很明显,监测是为了收集数据,然后根据这些信息资料做出判断,为后来采取某些措施提供依据。监测也可对失控的加工过程提出预警,即使是在加工完成后监测也能帮助防止产品的损耗或将损耗减少到最低限度。当加工完成而加工或处理发生偏离要求时,监测还可帮助指出失控问题的原因,没有有效的监测和数据或信息的记录就没有 HACCP 体系。既然监测是收集数据的行动,所以了解怎样收集数据是很重要的,以下是收集数据的十个步骤:

(1)提出正确的问题。问题必须涉及需要的专门信息,否则很可能使收集的数据不完全,或为错误问题的答案。

(2)进行恰当的数据分析。对收集的原始数据要进行分析才能与临界限度对比。

(3)确定在何处收集数据。

(4)选择公正的数据收集人员。

(5)了解对收集数据人员的要求。包括特殊环境的要求、培训和经验。

(6)设计简单而有效的数据收集表格。表格要简洁明了,恰当地记录所有的数据,并减少出错的机会。

(7)制定收集数据的操作规范。

(8)检查表格和操作规范,必要时加以修订。

(9)培训数据收集员。

(10)审查数据收集过程并证实其结果,管理部门审查过的表格都应签字。

总之,监测是要求管理部门重视的行动,其目的是收集数据并做出有关临界限度的决定。监测要在最接近控制目标的地方进行。当你是监测员时,你可以观察或测量,并对监测做全面记录。监测员的培训和定期检查他们的执行情况也是很重要的。

六、建立修正措施,以免关键控制点出偏差

当监测结果指出一个关键控制点失控时,HACCP 系统必须允许立即采取改善措施,而且必须在偏差导致安全危害之前采取措施。改善措施包括四方面的活动:

(1)利用监测的结果调整加工方法以保持控制。

(2)如果失控,你必须处理不符合要求的产品。

(3)你必须确定或改正不符合要求的原因。

(4)保留改正措施的记录。

(5)指定一个人负责调整加工方法并告诉其他人发生了什么问题。

对不符合要求的产品也列出五种处理措施供做选择:

(1)放弃产品(如果产品是安全的则不是最明智的选择)。

(2)重复检验产品.

(3)将产品转向安全的用途。

(4)将产品再加工。

(5)销毁产品。

由于不同食品的 CCP 的变化和可能偏差的差异,HACCP 中每一个 CCP 必须建立专门的校正措施。如果出现偏差,在适当校正完成前,该批产品应予保留。在难于确定产品安全性的情况下,检验结果与最终处理必须由政府部门认可。在不涉及安全的情况下不需要通过政府主管部门。必须在 HACCP 记录中注明查明偏差的产品批次,采取保证这些批次安全性的校正措施,并在产品预定的保存期后将文件保留一个合理的时期。

七、建立证实 HACCP 系统正常工作的程序

以上六个环环相扣的步骤，显示了 HACCP 的极强的科学性、逻辑性，最后的一环是核查已建立的 HACCP 系统是否正常运行。这与监测步骤上对使用生产线上数据、信息进行检查不同，它还可用另外的信息和方法。一旦建立起 HACCP 体系，每个工厂需将其提供给具有管辖权的认证或监督机构获得批准。所有的关键控制点和监视的记录均由检查人员审核，只要严格遵照安全加工规范就容易获得通过。认证或监督机构也可能不定期进行复查以进一步确保 HACCP 体系正常运行。

八、审核目的与审核范例

（一）审核程序

（1）制定适当的审核检查日程表。

（2）复审 HACCP 计划。

（3）复审关键控制点记录。

（4）复审偏差和处理情况。

（5）检查操作现场以考评关键控制点是否处于控制状态。

（6）随机抽样分析。

（7）复核关键限制指标以证实其适合于控制危害。

（8）复核审核检查的书面记录，这些审核检查证明按 HACCP 计划进行，或是偏离。

（9）出现偏离但采取了纠正措施。

（10）核对 HACCP 计划，包括现场复核生产流程图和关键控制点，并复核 HACCP 计划的修改情况。

（二）审核报告应包括的资料

（1）有 HACCP 计划并有人负责其实施和修订。

（2）关键控制点的监视记录情况。

（3）运行中关键控制点的直接监视数据。

（4）监视仪器正常地校准并处于工作状态的证明。

（5）偏离及采取的纠正措施。

（6）证实关键控制点受控的抽样分析，包括使用理化、微生物和感官检验方法。

（7）HACCP 计划的修订。

(8)培训情况和对监视关键控制点的各个岗位责任的理解程度。

这项工作中一个特别敏感的问题是监督机构必须评价企业的记录。一般认为，执法人员只需评价关键控制点的监视结果和所采取的有关措施，企业所专有的有关生产技术方面的资料则不必去审核。

工厂企业也应以自查方式核实自己的HACCP计划运行情况，可由企业总经理或质量负责人按一定时间间隔(三个月或半年)进行监测。核查样品的检验分析方法时应采用国家或行业所规定的方法或官方机构认可的方法。如上述方法缺少，企业自定的方法应由企业技术主管批准并形成书面文件。

九、建立完整的记录和档案

企业在实行HACCP体系的全过程中需有大量的技术文件和日常工作监测记录。监测等记录表格应全面和严谨。在我国由于产品和企业的情况千差万别，因此很难由主管机构设计规定一套各方面都可适用的记录格式。美国食品药品管理局FDA也不主张加工企业使用统一和标准化的监控、纠偏、验证或者卫生记录格式，大企业可根据已有的记录模式自行设计，中小企业也可直接引用。无论如何，在进行记录时都应考虑到“5W”原则，即何时(When)、何地(Where)、何事(What)、为何发生(Why)、谁负责(Who)。建立科学完整的记录体系是HACCP成功的关键之一，记录不仅是重复的行为，记录也是提醒操作人员遵守规范，树立良好企业作风的必由之路。

已批准的HACCP计划方案和有关记录应存档。HACCP各阶段上的程序都应形成可提供的文件，应当明确负责保存记录的各级责任人员，所有的文件和记录均应装订成册以便监管机构的检查。

十、HACCP原则的应用程序

尽管HACCP原则的逻辑性强，极为简明易懂，但在实际应用中仍需踏实地解决若干问题，特别是在大型食品加工企业里。因此，宜采用符合逻辑的、循序渐进的方式推广HACCP体系。国际标准建议实施HACCP应采取十个步骤，现概述如下：

(一)企业领导支持

首先是要保证最高管理层真正支持推行HACCP体系。各个部门中从负责人到车间操作人员都应有与其相对应体系中的部分负责。因此，领导的全力支持与协作对推行HACCP至关重要。当然，最基本的是要有一个人(质量保证负责人)肩负起总体系运作全过程的责任。对于 HACCP 的实施,企业领导应能保证提供有效的人才和设施。企业采用 HACCP 是由上而下的过程。

(二)建立 HACCP 工作组和收集资料

在大型企业推行 HACCP 体系是一个复杂过程,需要通过由多学科专家组成的工作组的共同努力。微生物专家是首要的,他应就涉及微生物学、安全性及风险方面的问题向工作组提出建议。他必须具备上述几方面的最新知识并须接触到在该领域最新技术文献资料。在许多情况下,单靠查阅技术文献不能解决具体的问题,还要借助设施良好的实验室,例如,某产品微生物生态学的调研,为评价安全性所做的免疫学和接种试验研究。

工作组另一重要成员是加工工艺方面的专家,他应提出生产程序及制约生产的建议并做出加工流程图,就加工过程各个环节上的技术问题和设备的技术限度提出建议。其他的技术专家诸如化学专家、质量保证负责人、工程设备专家以及包装技术专家、销售人员、培训和人事管理人员都能对 HACCP 工作组提供有用的资料,他们应参加某些有关会议。HACCP 工作组的关键成员(包括组长)必须熟知 HACCP 体系的知识。

中小型企业就无须组建企业自己的专家组,它可以从外部咨询顾问机构获得帮助来实施 HACCP 体系。我国有上万家水产加工企业大部分是中小型企业,这些企业仍须有专人接受 HACCP 及有关法规和标准知识的培训,以便能将主管部门或外部咨询机构的指导和帮助与本企业的具体情况相结合。

(三)工作的初始

HACCP 工作组组成后,其授权调研范围应立即明确并获同意。可将工作分为一系列的调研项目,每个项目专门处理一类具体危害或是具体产品的生产所包括的全部相关危害。无论怎样确定,应始终明白:HACCP 体系对每个加工单元都是独特而又具体的。HACCP 概念是放之四海而皆准,然而其在每一局部情况的应用又是特定的。在这一阶段须将产品的规范和详细的介绍资料提供给 HACCP 工作组。产品规范须包括全部技术方面的内容,如:防腐的技术参数(NaCl,pH,有机酸的使用,其他防腐参数),设定的贮存温度,包装技术以及最重要的——预期的产品用途。已确定的加工技术、配料表、精确的加工流程图、清洗与消毒程序的说明也应当一起提供。

工作的初始时期,宜进行加工现场的参观,以便审核和充分理解加工流程图,了解检验设施的设计以便确知与此有关的可能的附加危害(如:布局环境、人员通道的形式、加工设备的尺寸等)。

(四)加工过程分析

当有关产品和加工过程的全部资料都被收集到后,须对其分析并确认所有的危害及关键控制点（HACCP 要素 A 和 B）。确定关键控制点的每步都须单独而又详尽地分析，主要的问题均应有问有答。这不但涉及剖析各加工工序，而且与分析加工操作的中间场所状况有关，如必要的处理过程中的时间和温度条件就是可能受此关注的一例。

每个加工工序上的相关水平均须进行评估，以便保证将最多的精力放于最关键的领域。相关水平的评估可以多种形式进行，但在大多数情况下专家基于有效数据做的风险判断还是很有效的。如果这点做不到，那只有通过试验或调研来完成。所有的真正的关键控制点都要在流程图上标示出，如果在流程图上标示其他非关键的控制点须予以明显的区别。

（五）控制程序

每个关键控制点须有明确和具体的控制程序，并详细说明关键控制点如何受到控制、预防措施、指标值和可接受程度的幅度（如果有）以及控制措施在何时、如何实施也应详细说明（HACCP 要素 C）。用于控制功能的仪器设备也须处于严格控制之下，他们的运行和使用必须经正规的批准。

（六）监视措施

监视和数据记录是 HACCP 体系最重要的内容。所有的工作、监测情况须及时予以记录。通过这些记录，管理人员和外部检查人员就能确认全部操作过程是否符合规范要求，并且所有的关键控制点都受到全面控制。一套高水平的文件资料——当然是由控制人员签署批准——也是一项高水平的控制过程的标记。

与生产过程无直接关系的数据也应记录下来。包括可能进行的免疫性检验或保质期试验等，HACCP 初始调研工作的详细记录也应保存。此外，所有产品配方的改变，或作为 HACCP 调研结果的生产线的变化，以及对一些失控现象采取的纠正措施均须记录在案。

（七）人员培训

当 HACCP 的调研工作完成并且项目准备好予以实施时，须进行人员培训。所有与 HACCP 项目有关的人员，从生产操作人员到管理层都必须了解 HACCP 的原理，并非常明确他们各自在体系中的职责。培训与介绍新情况的课程按规定进行，新员工未经 HACCP 原理和操作程序的培训不得上岗工作。

（八）关键控制点失控后的纠正措施

当某关键控制点失控时加工者应判断其对产品危害的程度，制订出监控结果偏离临界值时所必须采用的纠正措施。纠正措施可包括：暂停生产、消除故障、产品返工；危害不能消除时，产品可否转为其他用途；若危害不能消除，产品也不可转用，应确定其处理措施。所有的纠正措施应确保失控的原因得到纠正、不会因失控而使有害于人类健康的劣质产品进入流通市场。

（九）HACCP体系运行情况的验证

应对HACCP体系的运行情况进行定期或不定期的验证。目的是：确认已确定实施的HACCP计划是否适合本工厂，该HACCP是否有效执行，HACCP执行后是否减少了与产品有关的风险。验证活动可按规定的程序进行，验证的重点包括：

（1）已颁布实施的HACCP计划的适用性。当加工原料或原料来源、加工方法或科技等发生变化时要重新评价，发现问题应及时予以修改。

（2）检查关键控制点的监控记录、纠偏措施记录、监控仪器校正记录及成品、半成品的检验记录。这些记录是否完整规范，是否可靠。

（3）标准卫生操作规范的执行情况。对验证发现的问题需要采取纠偏措施时，应按步骤8进行。

（十）程序文件与记录及其保存

HACCP各程序应形成文件，内容包括危害分析、关键控制点的确定、临界限的确定等。记录的内容包括HACCP实施过程中各关键控制点监控记录，偏离或失控与纠正措施的记录，验证HACCP体系正常运转的记录和HACCP体系修改的记录。记录表格式的一般要求：

（1）记录一般应包括加工者的名称、地址，记录的事件、时间、地点（工序）、操作者、负责人员的签名，分类标志及其他有关信息。

（2）记录格式应规范，并作为质量文件存档，所有记录应按制度由专人和指定机构负责保存。

（3）文件的保存期限应以有关规定或协议而定，记录一般存放二年。

十一、HACCP的优缺点与发展趋势

HACCP体系是一种系统性强、结构严谨、理性化、有多向约束、适应性强、效益显著且以预防为主的质量保证方法。在提供安全性和质量保证方面没有方法或体系能与HACCP相媲美，而且HACCP的日常运行费用要比靠大量抽样检验的方式少得多。HACCP具有以下优点：

①在问题出现之前就采取了纠正措施，是一种积极主动的控制。

②通过易于监视的特件如时间、温度和外观实施控制。

③在需要时能采取及时的纠正措施进行迅速控制。

④与依靠化学分析、微生物检验进行控制相比较，费用低廉。

⑤由直接专注于加工食品的人员控制生产操作。

⑥由于控制集中在生产操作的关键点，可以实现对每批产品采取更多的保证措施。

⑦HACCP 能用于潜在危害的预告。

⑧HACCP 涉及与产品安全性有关的各层次的职工，包括非技术性的人员。

HACCP 的普遍原则是使人力、物力、财力用于最需要和最有用之处（即满足最必要的而不是追求最完美的）。这使的 HACCP 在许多人财物相对缺乏的发展中国家成为极为理想的工具。但是应用 HACCP，就需企业在生产程序或新布局上进行必要的变革，生产方则承担了更多的产品质量与安全的责任，这对发展中国家是一个挑战。为应付这种挑战，需要进行新的和专门的培训，这就需要政府和行业予以支持。训练有素的人员和合适的教材也是极其重要的。特别对发展中国家的水产科技工作者来说更是一个考验，他们将被要求以更实际的方式，运用其专业知识和技能（专长）为此做出贡献。

尽管 HACCP 概念已经形成于 20 多年前，人们还是要问一个有关的问题，为什么这个体系还未在世界范围普遍应用？以下面几个问题值得考虑：

①对 HACCP 的理解无论是国际间还是国内一直未有一致的看法，新定义和新原则不断出现，但有时这原则又反转为大量抽检和对每个细部小节的规范化。只要生产者与用户之间、生产者与执法人员之间在成品检验上的争执不消失，HACCP 在多大程度上能代替必要的成品检验的不同看法就会一直存在。

②缺乏认定某危害物的一致意见（例如生鲜食品存在的李斯特氏菌）。急需建立一个国际团体，其组成成员是非政治的，但在科学方面受到高度尊重，能就安全性的争端和当前食品危害和科学上的见解提出指导意见。

③HACCP 需要应用于从食品原料（海捕或养殖的）到消费的全过程，才能显出其巨大效果。这是难度较大的系统工程。

④HACCP 处理特定的事物而法规涉及的都是全局性的。这个问题对制定法规机构来说就难以理解和接受，因此，延缓了 HACCP 体系的推广应用。

⑤接受 HACCP 需要相互的诚意。除非在执法者和守法者之间存在或产生信任，否则 HACCP 将终究失败。

⑥HACCP 要求生产方接受最大的责任。这会引起生产者的某些抵触，他们通常依赖政府的帮助（监督员、实验室）来保证安全性的质量。

⑦培训检查验收人员与企业人员达到对 HACCP 共同理解需要很长时间。

⑧应用 HACCP 不会预防所有的问题，方方面面的专家们会就这一至关重要的问题争论不休。总之，为使 HACCP 深入和普及，极其需要科学团体、大众和立法机构之间进一步增加交流和理解，只有这样才能更好地预防由食品导致的各种疾病。

HACCP 已在全球水产界得到广泛认可与大力推广,国际标准也全面采用 HACCP。作为主要水产品进口国的许多发达国家已将其纳入水产品进口法规,水产品国际贸易采用 HACCP 为主的质量保证已呈大势所趋。当然,任何事物都是有发展变化的,新出现的食品风险分析(Risk Analysis)体系也许是 HACCP 之后的更完善的质量保证方法,但是为全球的水产业接受应用尚需时日。

第四节　食品生产许可证办理指南

食品生产许可证是工业产品许可证制度的一个组成部分,是为保证食品的质量安全,由国家主管食品生产领域质量监督工作的行政部门制定并实施的一项旨在控制食品生产加工以及企业生产条件的监控制度。该制度规定:从事食品生产加工的公民、法人或其他组织,必须具备保证产品质量安全的基本生产条件,按规定程序获得《食品生产许可证》,方可从事食品生产。没有取得《食品生产许可证》的企业不得生产食品,任何企业和个人不得销售无证食品。

一、许可依据

①中华人民共和国主席令第九号《中华人民共和国食品安全法》第 29 条。

②中华人民共和国国务院令第 440 号《中华人民共和国工业产品生产许可证管理条例》第 2 条。

二、受理单位

江西省食品药品监督管理局。

三、受理条件

申请材料齐全且符合法定形式。

四、申请材料

①食品生产许可证申请书(一份,空白表格官网下载)。

②营业执照(新发、延续换证及变更企业)或企业名称预先核准通知书(拟设立企业)(复印件一份)。

③企业代码证(拟设立企业除外,复印件一份)。

④企业负责人(法定代表人)身份证(复印件一份)。

⑤治理结构图(一份)。

⑥生产加工场所使用权证明材料(企业需提供一份)。

⑦企业生产许可证复印件(换证及变更企业需提供一份)。

⑧企业生产场所周边环境图(一份)。

⑨企业生产场所功能区分布平面图(一份)。

⑩企业生产场所设备布局图(一份)。

⑪企业生产工艺流程图(一份)。

⑫企业质量管理文件(一份)。

⑬企业标准文本(执行企业标准的企业提供一份)。

⑭HACCP 体系认证证书、出口食品卫生注册(登记)证(已获得的企业提供,复印件一份)。

⑮其他证明材料(审查细则中要求提供的、符合产业政策文件等)。

⑯社区市局出具的综合评价报告(换证企业需提供)。

⑰变更申请表(获证企业存在变更情况的需提供)。

⑱申证产品承诺书(申证产品属重点关注产品的企业需提交,这些产品包括固体饮料、含乳饮料、其他饮料、婴幼儿配方谷粉、配制酒、白酒、含茶制品、代用茶、酱油、醋、蜂蜜、蜂产品制品)。

五、许可程序

申请→受理→现场核查→产品检验→决定。

六、许可期限

①法定许可时限:60 个工作日。

②承诺许可期限:40 个工作日(从签发受理通知书次日至签发生产许可证之日,其中不包括产品检验所需时间、补正材料时间、企业整改时间、发证前抽查时间、证书颁发时间)。

七、收费标准与依据

依据《中华人民共和国工业产品生产许可证管理条例》第 67 条、《财政部、国家发展改革委关于调整工业产品生产许可证收费政策有关问题的通知》(财综〔2006〕69 号)、《国家计委、财政部关于核定 73 种工业产品生产许可证收费标准的通知》(计价费〔1996〕1500 号),审查费为每个企业 2200 元,同一次审查时每增加一个申证单元加收审查费 440 元。

产品检验费:由企业按照国家现行有关规定向检验机构交付。

注:由于机构和政策的变动,部分内容可能会变化,请关注相关机构变动和信息咨询。

参考文献

[1]农业部渔业渔政管理局. 2014 中国渔业统计年鉴[M]. 北京:中国农业出版社, 2014.

[2]夏文水, 罗永康, 熊善柏, 等. 大宗淡水鱼贮运保鲜与加工技术[M]. 北京: 中国农业出版社, 2014.

[3]刘兴友, 刁有祥. 食品理化检验学[M]. 北京: 中国农业大学出版社, 2008.

[4]史锋. 生物化学实验[M]. 杭州:浙江大学出版社, 2002.

[5]高向阳. 食品分析与检验[M]. 北京: 中国计量出版社, 2006.

[6]韩雅珊. 食品化学实验指导[M]. 北京:中国农业大学出版社, 1992.

[7]太田静行著, 吴光红, 涂梦漠译. 烟熏食品[M]. 上海: 上海科学技术出版社, 1993.

[8] GM. hall 著, 夏文水, 陈洁, 吕兵泽. 水产加工技术[M]. 北京: 中国轻工业出版社, 2002.

[9]胡芬. 淡水鱼营养综合评价体系的建立[D]. 华中农业大学, 2011.

[10]徐锦. 淡水鱼精深加工产品开发研究[D]. 西华大学, 2012.

[11]张骏. 低值淡水鱼综合利用新技术研究[D]. 江南大学, 2012.

[12]杨毅清. 贮藏和加工工艺对三种淡水鱼品质及氯霉素残留的影响[D]. 天津农学院, 2014.

[13]张路遥. 淡水鱼罐头低热强度杀菌技术研究[D]. 江南大学, 2013

[14]徐锦. 淡水鱼精深加工产品开发研究[D]. 西华大学. 2012

[15]高星星. 淡水鱼鱼体头尾与腹背定向整理设备的研究[D]. 华中农业大学, 2011.

[16]王少伟. 酒糟鱼加工技术研究[D]. 江南大学. 2012

[17]吴涛. 草鱼加工关键技术的研究与开发[D]. 浙江大学. 2008.

[18]金晶. 淡水鱼鱼糜制品脱腥技术及凝胶特性改良的研究[D]. 武汉工业学院, 2008.

[19]刘军. 罗非鱼鱼糜及其复合鱼糜加工工艺的研究[D]. 广西大学, 2013.

[20]顾金金. 低值海水鱼鱼糜生产的高值化综合利用[D]. 烟台大学, 2013.

[21]付娜. 草鱼鱼丸加工过程中品质变化的研究[D]. 华中农业大学, 2011.

[22]赵永峰, 胡海彦, 蒋高中, 等. 我国大宗淡水鱼的发展现状及趋势研究[J]. 中国渔业经济, 2012, 30(5): 91 ~99.

[23]戈贤平, 缪凌鸿. 我国大宗淡水鱼产业发展现状与体系研究进展[J]. 中国渔业质量与标准, 2011, 1(3): 22 ~30.

[24]杨品红, 李梦军. 我国大宗淡水鱼可持续发展的战略构想[J]. 安徽农业科学, 2011, 39(35): 21809 ~21812.

[25]柏芸, 熊善柏. 我国大宗淡水鱼加工现状、问题域对策[J]. 湖北农业科学, 2010, 49(12): 3159 ~3161.

[26]欧阳杰, 沈建. 淡水鱼加工技术研究进展[J]. 肉类科学, 2012, 26(7): 29 ~31.

[27]宋迁红. 我国淡水鱼加工产业浅析[N]. 科学养鱼, 2014.

[28]章银良, 夏文水. 腌鱼产品加工技术与理论研究进展[J]. 中国农学通报, 2007,23(3): 116 ~120.

[29]章银良. 基于响应面分析法优化腌鱼工艺研究[J]. 安徽农业科学, 2009, 37(7): 3234 ~3236.

[30]章银良. 均匀试验设计在腌鱼工艺优化中的应用[J]. 食品科技, 2008,33(9): 75 ~78.

[31]章银良, 夏文水. 超高压对腌鱼保藏的影响[J]. 安徽农业科学, 2007,35(9): 2636 ~2638.

[32]罗永康. 7 种淡水鱼肌肉和内脏脂肪酸组成的分析[J]. 中国农业大学学报, 2001, 6(4): 108 ~111.

[33]周德庆, 马敬军, 徐晶晶. 水产品鲜度评价方法研究进展[J]. 莱阳农学院学报, 2004, 21(4): 312 ~315.

[34]王志杰. 鱼的鲜度及其鉴定方法[J]. 河北渔业, 1982, (4): 27 ~29.

[35]李玲, 宗力, 王玖玖, 等. 大宗淡水鱼加工前处理技术和装备的研究现状及方向[J]. 渔业现代化. 2010, 37(5): 43 ~46.

[36]律佳雪,陈运中. 风味醉鱼生产过程中腌制条件的优化研究[J]. 食品科技,2007, (7): 110 ~114.

[37]谭汝成,熊善柏,张晖. 酒糟鱼糟制方法的研究[J]. 食品工业科技,2007, 28(7):119 ~121.

[38]王雪青, 马长伟. 发酵香肠及微生物发酵剂(一)[J]. 食品与发酵工业, 2001,24(2): 62 ~67.

[39]马长伟,王雪青. 发酵香肠及微生物发酵剂(二)[J]. 食品与发酵工业,

2001,24(5):77~80.

[40]赵俊仁,孔保华. 发酵肉制品风味的研究[J]. 肉类工业,2007, 312(4): 32~35.

[23]李宗军,江汉湖,李罗明. 侗族传统发酵肉的微生物特性[J]. 中国微生态学杂志, 2002, 14(1): 19~22.

[41]占剑峰, 黄文. 对虾肉盐溶蛋白的提取条件对于热诱导凝胶特性的影响研究[J]. 食品科技, 2008, 33(11): 126~129.

[42] Martah, Josep M. Bacteria starter cultures for meat fermentation[J]. Food Chemistry, 1997, 59: 547~554.

[43] BerdaguéJ L, Monteil P, Montel M C, et al. Effect of starter cultures on the formation of flavour compounds in dry sausage [J]. Meat Science, 1993, (35):275~287.

[44] Wang D, Tang J, Correia L R, et al. Postmortem changes of cultivated Atlantic salmon and their effects on salt uptake[J]. Journal of food science, 1998, 63(4): 634~637.

[45] 吴晓琛, 许学勤, 夏文水, 等. 酸浸草鱼腌制工艺研究[J]. 食品与机械, 2008,23(6): 105~107.

[46] 陈胜军, 王剑河, 李来好等. 液熏技术在水产品加工中的应用食品科学[J]. 2007, 28(7): 569~571.

[47] 芮汉明, 贺丰霞, 郭凯. 香菇蒂抑菌性烟熏液的干馏工艺的研究[J]. 食品工业科技,2009, 30(2): 219~222.

[48] 唐道邦, 夏延斌, 张滨. 肉的烟熏味形成机理及生产应用[J]. 肉类工业, 2004, 4(2): 12~1

[49] 王兴礼. 淡水鱼烟熏制品的加工工艺研究[J]. 中国水产, 2005, (12): 71~72.

[50] 黄靖芬, 李来好, 陈胜军,等. 烟熏食品中苯并(a)花的产生机理及防止方法[J]. 现代食品科技, 2007, 23(7): 67~70.

[51] 周洪仁, 周益群, 杜世祥. 烟熏液产生烟熏色泽的原理与方法探讨[J]. 肉类工业, 2007, (3): 34~35.

[52] 王宏海, 戴志远, 翁丽萍. 感官评定在养殖大黄鱼烟熏加工研究中的应用[J]. 食品与发酵工业, 2008 , 34(7): 34~37.

[53] 王宏海, 戴志远, 张虹. 改善烟熏鱿鱼圈色泽的工艺研究[J]. 食品与发酵工业, 2009,35(6): 91~95.

[57] 李复生，卢勇泽. 冷冻鱼糜加工工艺研究[J]. 中国水产，2006，(01)：71～72.

[58] 袁春红，陈舜胜，程裕东. 鱼糜加工技术及其研究进展[J]. 渔业现代化，2001，(05)：35～39.

[59] 张松，彭增起，周光宏. 漂洗和抗冻剂在冷冻鱼糜生产中的应用研究[J]. 肉类研究，2007，(01)：29～33.

[60] 谭汝成，赵思明，熊善柏，等. 白鳞腌制过程中鱼肉与盐卤成分的变化[J]. 华中农业大学学报，2005，42(3)：300～303.

[61] 吴润锋，袁美兰，赵利，等. 不同辅料对草鱼鱼糜品质的影响[J]. 食品科学，2014，35(07)：53～57.

[62] 吴润锋，赵利，袁美兰，等. 漂洗前后四大家鱼鱼糜品质的变化[J]. 食品科学，2014，35(09)：132～136.

[63] 霍建聪，杨保刚，王炜. 茶叶鱼丸的试制[J]. 水产科技情报，2005，32(1)：30～31.

[64] 律佳雪，陈运中. 风味醉鱼生产过程中腌制条件的优化研究[J]，食品科技，2007，15 (7)：110～114.

[65] 陈维娟. 咸鱼深加工工艺探讨[J]. 中国水产，2002，(4)：74～75

[66] 方炎鹏，曾令彬，熊善柏. 腊鱼加工过程中挥发性成分变化的研究[J]. 食品工业，2011，(7)：33～36.

彩图1 青鱼

彩图2 草鱼

彩图3 鲢鱼

彩图4 鳙鱼

彩图5 鲤鱼

彩图6 鲫鱼

彩图7 鳊鱼

彩图8 鄱湖骄子